秦人秦饼

宿育海　程　鹏　编著

西北大学出版社

图书在版编目(CIP)数据

秦人秦饼/宿育海，程鹏编著. －－西安:西北大学出版社，
2019.7

ISBN 978 － 7 － 5604 － 4402 － 4

Ⅰ.①秦…　Ⅱ.①宿…　②程…　Ⅲ.①糕点—制作—陕西
Ⅳ.①TS213.23

中国版本图书馆 CIP 数据核字(2019)第 160038 号

秦人秦饼
Qinren Qinbing

作　　者：宿育海　程　鹏
出版发行：西北大学出版社
地　　址：西安市太白北路 229 号
邮　　编：710069
电　　话：029 － 88305287
经　　销：全国新华书店
印　　刷：西安华新彩印有限责任公司
开　　本：720 毫米×1020 毫米　1/16
印　　张：12
字　　数：185 千字
版　　次：2019 年 7 月第 1 版　2019 年 7 月第 1 次印刷
书　　号：ISBN 978 － 7 － 5604 － 4402 － 4
定　　价：46.00 元

如有印装质量问题，请与本社联系调换，电话 029 － 88302966。

序一

秦中自古帝王都，秦中自古多美食。陕西是中华文明的发祥地之一，同时也是中国饮食文化的发祥地之一。"夫礼之初，始诸饮食"，也就是说，中国的文明是从饮食开始的。在饮食文化中，烘焙文化是重要的组成部分，也是最早的饮食文化之一。始于唐的石子馍，古称石鏊饼，被认为是人类食品的活化石。

陕西的烘焙历史悠久，品种繁多，口味独特，文化深厚。尤其是汉唐烘焙文化就像汉赋和唐诗一样，令人拍案称奇。这也是中国烘焙文化历史上第一个高峰期。

当代的陕西，是烘焙大省，烘焙市场十分活跃，烘焙企业多而大，烘焙文化研究深入，烘焙协会工作走在全国前列，成为陕西食品行业一支鲜艳的花朵。

生在陕西、长在陕西的宿育海先生从20世纪90年代中期开始研究饮食文化，烘焙文化是他研究的主要课题之一。他很早就提出了中国传统糕饼的四大流派，即广式、苏式、京式、秦式，把秦式糕点推向中国烘焙文化的第一梯队。这既是历史事实，也是对陕西古老辉煌的烘焙文化的理论认可，更是陕西文化自信的重要内容。他在其《秦人秦饼》出版之际，要我为此书作序，我欣然应诺。写出以上几段话以示祝贺，也希望宿先生在中国饮食文化、秦饼文化研究的路上越走越远，研究得越来越深。

中国焙烤食品糖制品工业协会理事长　朱念琳

2019 年 5 月

序二

　　宿育海先生是我的老朋友，他虽长我几岁，但我们交往甚密，无话不谈。因为我们身上有许多共同点，也有许多共同语言，尤其是在秦饼文化上。

　　我长期在陕西省烘焙协会的领导岗位上工作，宿育海先是协会的副会长，后因年龄原因只担任协会文化顾问，但仍兼任协会烘焙文化专业委员会主任，负责协会的文化研究、宣传、策划、实施等工作。

　　据我所知，在陕西专门研究秦饼文化的人不多，外界也有人把他誉为秦饼文化研究第一人。正因为他长期专业、专心研究秦饼文化及秦饼市场，所以才会有今天这本《秦人秦饼》。在我的印象中，这也是陕西历史上第一本研究秦饼文化的书籍。本书的出版发行也一定会受到行业的关注，受到社会的关注。

　　宿育海在"人生七十古来稀"之年，先出版了《陕人陕菜》，接着又出版《陕人陕菜》的姊妹书《秦人秦饼》。这种对陕西饮食文化研究的精神是值得我们学习的。《陕人陕菜》出版发行后受到社会各界的极大关注，取得了很大成功。我相信《秦人秦饼》也同样会受到社会关注，受到行业欢迎。

陕西省工业和信息化厅原副巡视员
陕西省烘焙行业协会名誉会长　　张　鉴
2019 年 5 月

序三

在陕西的烘焙市场上，秦饼自然唱主角，就像陕西的餐饮市场上陕菜唱主角一样。陕人爱吃陕菜，秦人爱吃秦饼，这是历史的必然，也是秦人的饮食文化自信。当许多传统糕点都湮没在历史的发展浪潮中时，以水晶饼为代表的陕西传统糕点却依然光彩照人，至今盛销不衰，更有新的品种不断涌现。作为陕西烘焙协会会长，看到秦饼文化的传承与创新如此协调、繁荣，我十分高兴。

《秦人秦饼》正是基于这个事实应运而生的，它对传承秦饼历史与文化、宣传秦饼市场、介绍秦饼知识、促进秦饼行业健康发展都有一定意义。祝贺《秦人秦饼》问世，也祝《秦人秦饼》出版发行成功。

陕西省烘焙行业协会会长　冯　岩

2019 年 5 月

目 录

秦饼文论

秦饼文化与故事

秦饼名人

秦饼文论

秦饼的文化寻根

——从补天饼到胡麻饼

在中国历史上,糕饼文化是中国饮食文化的重要组成部分,而秦饼又是中国糕饼文化皇冠上一颗耀眼的明珠。

在远古时代,这里就有了传说中的补天饼。但那时的饼也可能不是吃的,而是先民们用来祭祀的。就像八月十五的月饼等节令食品,开始并不是食用的,而是用来祭天拜地、祭拜先祖的。补天饼现在在临潼、蓝田一带依然保留着,每到正月二十或其他重大节日,这里的人都要烙饼。饼烙好后,一个扔到房上,以示祭天,一个扔到井里,以示祭地,然后家人才吃。

到了后来,当有了文字记载、有了文明、有了礼仪,秦地饼文化也随着文明的发展而渐进。到殷商时代出现了糖烧饼,也是中国历史上最早出现的饼。尽管闻仲是一个传说中的人物,他的归属也无法判定,但他在带兵打仗时烙出的第一块饼——糖烧饼却有文字记载,也广为流传。人们也习惯把闻太师闻仲作为中华糕饼的鼻祖来祭祀。

糕饼是一种食品,更是一种文化。不论是南方的糕,还是北方的饼,其背后都有深厚的中华传统文化的烙印。从商到周,中国的文明大多与饮食有关。《礼记·礼运》中讲,"夫礼之初,始诸饮食"。这就是说,中国的文明、礼仪是从饮食开始的。到周时,中国的饮食开始规范,出现了宴席,出现了周八珍。到秦时出现了历史上第一篇饮食文化专著《吕氏春秋·本味篇》。这是伊尹和商汤关于烹饪与治国的一场大对话、大讨论的记载。它也奠定了中国饮食文化和烹饪理论的基础。

从周到秦,各种饼已初见端倪。传说陕西的锅盔周时就有,叫文王锅盔。更有人说,周时烙锅盔的锅还保存在文王庙内。当时流行的一种食物叫洱,就是将米洗净而蒸成的糕饼。而此时的粢也类似于糕饼,但都是以米或黍做成的。此时我们发现,如今南方用米做成的糕饼,早在周时已经出现了。

到了汉,各种饼已大量出现,汉代是秦饼发展的一个重要时期。这时出现的饼有蓬洱、汉王饼、太后饼、胡麻饼等。胡食、胡饼在汉时已开始出现,在唐时达到高峰。

中国饼文化的真正兴盛和繁荣是在唐代,特别是盛唐。唐长安城作为当时中国政治、经济、文化的中心,也必然是中国乃至世界饮食文化的中心、美食中心。此时不但全中国的饮食涌入长安,世界上也有各种美食来到这里,各种糕类、饼类,甚至各种粽子占了很大比重。仅唐宰相长安人韦巨源在家中招待唐中宗吃的"烧尾宴"中,就有各种糕饼酥点十余种,占五十八种菜点的近五分之一。此时不但糕饼品种繁多,而且出现了奶油、酥油,饼中已有馅,如孟兰饼馅;糕饼已开始上色,如贵妃红等;说明唐时糕饼文化达到了历史最高峰。

追寻糕饼鼻祖

我在2010年10月刚退休时创办了一份杂志,叫《秦商》。这是一份由陕西省贸促会主管,由一家文化公司运营的杂志,也是陕西历史上第一本全面反映秦商历史与文化的大型刊物,聘请西北大学秦商文化研究第一人李刚先生做首席顾问,撰写秦商小说第一人李文德先生做文学顾问。李文德是最早写泾阳女秦商周莹的,其长篇小说在《秦商》杂志上连载,周莹的故事后被拍成电视连续剧《那年花开月正圆》,轰动全国。李文德先生还曾出版过《药王孙思邈》《水旱码头》《大秦商魂》等小说。我和当时《秦商》杂志执行主编李战民先生曾多次去咸阳拜访李文德先生,并和李刚、李文德二位秦商文化大家结下了深厚友谊。我和李战民曾亲切地把他们称为"秦商二李"。

在《秦商》杂志工作期间,我和当时的策划总监、著名作家夏商合写了一篇文章——《烹饪鼻祖伊尹是哪里人》,这篇文章发表后引起了很大的社会反响。一是确立了伊尹是中国烹饪鼻祖,在这之前,关于烹饪鼻祖有伊牙、彭祖等十多个人的不同说法。二是第一次正式提出伊尹是陕西合阳人。在这之前,理论界几乎众口一词认为伊尹是河南人,也有个别人认为伊尹是山东人。

我研究烘焙文化已有二十多年,研究秦饼二十多年,今天我在这里又提出一个问题,即糕饼鼻祖是何人,他又是哪里人?

对于糕饼的鼻祖,理论界在说法上比较统一,他就是辅助商纣王的闻仲。闻仲是中国神话小说《封神演义》中的人物,他因辅助殷商而备受敬重,在朝内也称闻太师。他曾和姜子牙大战几十回合,不分伯仲。闻太师是一个传说中的人物,是一个神,许多地方有闻庙。闻仲在民间威望很高,且有许多传说。有人认为闻仲还有墓在,且在山西境内;河南人则认为闻仲墓在河南;作为陕西人的我则认为闻仲的墓应在陕西,因为他死在长安王曲,王曲也有多处闻仲遗址,而且闻仲应该是陕西人。帝乙在位三十年,临终托孤太师闻仲,立寿王为太子,名曰纣王。闻仲为殷商社稷殚精竭虑,东征西讨,且为人刚直,忠君爱民,深受百姓拥戴,为殷商社稷立下了汗马功劳。俗语中"文足以安邦,武足以立国"中的"文"指的就是闻太师。

闻太师何以为糕饼鼻祖?传说,闻太师为保殷商江山,东征西讨,南征北战。他深知兵贵神速之道,为了减少埋锅造饭的时间,命令部下做了一种叫糖烧饼的干粮。此物既好吃又好携带,深受士兵喜爱。有人认为这就是中国历史上记录最早的饼,所以也是糕饼之源。

拜祖、祭祀、寻根是文化自信、文化寻根之需,是行业自信、行业文化之需,也是中国传统文化的重要组成部分,所以我一直在寻找烹饪之祖、糕饼之祖。我以为这是一种兴趣和爱好,也是一种责任和担当,是在寻求一种文化,寻求一种精神。

即将完成此文时,我突然兴奋起来,因为我发现了一个奇妙的现象,即烹饪鼻祖伊尹和糕饼之祖闻仲都出现在历史上的商王朝,且伊尹作为中华厨祖,辅助商汤灭夏立商,使商汤成为商之第一王。而闻仲是糕饼之祖,作为一个军事大将辅助商朝最后一个王,即纣王。商灭后周兴,开始了另一个伟大的朝代——周王朝。

秦饼的文化特性

在中国糕饼文化历史上，糕饼流派纷呈，除了我提出的四大传统糕饼流派，即广式、苏式、京式、秦式外，还有鲁式、川式、晋式、哈式（黑龙江）、滇式等，此外全国还有许多不同流派。和中国的菜系一样，几乎每个省都有一个菜系，每个省都有自己独特的糕饼流派和文化。

和全国众多的糕饼流派相比，秦式糕饼最大的优势是什么？或最大的特性是什么？我认为是它的文化性。

所谓文化性，就是它历史悠久，文化博大精深，品种繁多，口味独特。且秦饼几乎每一个品种背后都深藏着一个美丽的传说与故事。

秦式糕点的历史性与秦式糕点所在地在历史上的地位有很大关系。秦中自古帝王都，特别是古都长安，它是世界四大文明古都之一，与罗马、开罗、雅典并列，在中国历史上有十三个朝代建都于此。历史上最伟大的四个朝代周、秦、汉、唐都建都于此。在宋以前，这里始终是中国政治、经济、文化的中心。这种特殊的地位造就了此地文化发达，历史厚重，经济繁荣。民以食为天，在这种背景下，这里的饮食文化，包括糕饼文化自然十分发达繁荣。从周始，经秦汉，到唐时，尤其是盛唐，这里的饮食文化达到了历史上最高峰。

在唐时，特别是盛唐时期，糕饼文化异常发达，仅唐"烧尾宴"中就有十余种糕饼，如贵妃红、乾坤夹饼、八方寒食饼等。而此时的饼中已有了奶油，饼中也有了馅，如盂兰饼馅。

唐时，糕饼不但表现在宫廷饼繁多，制作工艺复杂，而且民间饼也十分丰富，如汉时的太后饼、唐时的胡麻饼均为民间饼，十分普及。其中胡麻饼在唐朝的一百零八坊中均有人做。安史之乱杨贵妃和唐玄宗西逃到咸阳时，日上竿头还未吃饭，最后让杨国忠在咸阳街头买胡麻饼吃。

秦式糕点的文化性还表现在它的包容性。从汉张骞出使西域，不但把中国的茶叶、丝绸、瓷器带到国外，同时也把西域和欧洲的文化与饮食带回长安。因而出现了众多的胡食、胡饼和胡汉结合的胡麻饼。唐时的胡食已成为唐饮食文化的一部分。唐"烧尾宴"的五十八种菜品中，几乎没有大肉，全是牛、羊、鸡、鱼等，其中多有胡食。胡饼这种中西结合、胡汉结合的食物也成了唐饮食文化和糕饼文化的一大亮点。

秦式糕点的文化性还表现在它的高贵性上。宫廷糕饼是秦式糕点皇冠上的一颗明珠，皇室糕点占了很大比重，有的甚至专供皇帝、皇后享用，以皇帝、皇后命名，如贵妃红、汉王饼、太后饼等。这些饼用料考究，做工精细，口味独特，是宫廷饼中的精品。当然这些饼以后也都陆续传到民间，昔日帝王酥，今日百姓尝，成为百姓的食品。

在中国历史上有一个特殊的现象，那就是节日文化、二十四节气文化。而节日文化、二十四节气文化，实际上也可称为节日食品文化。冬至饺子夏至面，端午的粽子中秋的饼，节日食品常常以糕饼的形式来体现。端午节陕西人除了吃粽子还吃三糕——绿豆糕、甑糕、糖糕（也叫油糕），九月九重阳节吃重阳糕，这些节日食品在秦饮食文化史上占有很大比重。

总之，秦式糕点的历史性、文化性，是秦式糕点的重要特征，也是秦式糕点的魂，我们应该倍加珍惜它、爱护它。

秦饼的风味特征

秦饼是诞生于秦地的饼。秦中自古帝王都,秦地也是一块风水宝地。这里地域宽广,物产丰茂,人民勤劳善良。秦饼从诞生之日起,就以秦地特有的风味特征和文化伴随着秦人,形成了中国历史上一个很重要的传统糕饼流派。一方水土养一方人,一个地方也有自己独特的饮食文化。稻香村是北京著名的糕饼百年老店,历史悠久,文化深厚,品种繁多,风味独特。陕西人常常吃不惯稻香村的饼,北京人就很喜欢。我把陕西的水晶饼带到北京,他们也吃不惯。这十分正常,正所谓南甜北咸,东辣西酸,口味各异也。那么秦饼的风味特征是什么? 我在这里抛砖引玉,供大家参考。

秦饼绵软酥脆,甜咸有度,醇香松糯,后味悠长。

绵软酥脆:这是秦饼的基本风味特征。秦式糕点从广义讲,有两种:一是绵软,二是酥脆。绵软者,如水晶饼、老式蛋糕、迎春糕、贵妃饼等,秦式月饼也属此类。酥脆类如蓼花糖、核桃酥、核桃薄饼、江米条等。秦式糕点的基本原料一是面,二是米,以面为主。制作工艺以烘烤为主,也有烙和炸,个别也有蒸的,如农村送礼用的糕饼。油炸的糕饼不多,但一些现吃现做的食品如油条、油饼、油糕、麻花、撒子等还是以炸为主,人们也很爱吃。

甜咸有度:秦式糕点以甜为主,甜咸皆有。甜是糕饼的基本风味,所以人们一般也把糕饼称为甜点。甜以糖料为主,也有天然甜料如大枣等。秦饼以甜为主,但这种甜是有度的甜、适当的甜,并非越甜越好。尤其是现代人讲究保健,对甜、咸都有要求,这一点秦饼都能很好地把控。

醇香松糯:醇中有香,但醇不只是香,它代表了香的更高境界和内涵。松糯与绵软相似,但又不是绵软,是秦式糕点的另一风味表现。

后味悠长:香有两种,一种是舌尖上的香,一种是骨子里的后味香。后味悠长是秦饼与别的流派的糕点最大的区别。它的香能长久留在唇齿,留在人们的记忆里。这不只是因为它的味道,还因为它的文化与历史。历史上的秦饼,几乎每个后面都有一个美丽的传说与故事。

四大传统糕点流派的提出

中国四大传统糕点流派，即广式、苏式、京式、秦式已被业界所认可。中国焙烤食品糖制品工业协会理事长朱念琳先生来陕参加礼泉"陕西糕点名城"命名大会时也提到过这四大流派，并对秦式糕点有很高评价。

这四大流派大家可能还不知道，是由我最早提出来的，而且是经过慎重考察、分析、思考后提出来的。

20世纪90年代中期，我进入西安老孙家饭庄工作，从研究羊肉泡馍开始，关注陕菜，研究陕菜，研究饮食文化，并开始给《中国食品报》《中国商报》《陕西日报》《西安晚报》《西安日报》投稿，后又陆续给《新民晚报》《深圳特区报》等一些在国内有较大影响的大报投稿。进入新世纪后，我开始向专业烹饪、美食、餐饮、食品杂志投稿，如《中国烹饪》《餐饮世界》《烹调知识》《美食》《中国食品》《中国烘焙》等。在这期间我在研究餐饮的同时开始关注食品。

在食品中我最早关注的是月饼。一是发现月饼市场很活跃，二是发现月饼流派很多。在当时广式月饼一统天下的情况下，秦式、鲁式、京式、苏式、晋式、哈式（黑龙江）等地方月饼还在顽强地生存或挣扎着。在这种情况下，我翻阅了大量资料，请教了很多专家，发现秦式月饼、秦式糕点历史悠久，品种繁多，风味独特，文化博大精深。从传说中的补天饼，到汉时的胡麻饼，唐时的红绫饼、贵妃红，到宋时的水晶饼，再到明清、民国以至现代，都有很多糕点，此时我觉得秦式糕点在中国糕点历史上应有自己的地位。于是提出了中国传统糕点的四大流派之说，写成《秦饼的历史与文化》等文章发表在许多刊物上。

这四个流派的提出还有一个动因,那就是我长期研究饮食文化、陕菜文化。但是在历史上有很大影响并被称作中国菜系之根的陕菜并没进入四大菜系,甚至连八大菜系也未列入。这使我感到很迷惑,甚至愤愤不平。想到秦饼在历史上的品种、影响、文化,我应尽快提出四大流派之说,让秦饼在历史上有一席之位,而不被边缘化。由于这个提法有理有据,不是随意提出的,特别是在理论上经过严肃考证,所以提出来后很快得到业界认可。这一观点提出时,外界虽没有糕点流派的提法,但也有许多观点,比如提出了川式糕点、晋式糕点、鲁式糕点。我如不提出,让外地一些专家学者排序,也完全有可能把秦饼排除在外,那时就晚了,也像陕菜那样就太冤枉了。

我对月饼品牌的理解

近年来,人们购买月饼越来越注重品牌,月饼企业也十分注重塑造和树立自己的品牌,烘焙企业之间的竞争实际上已成为品牌之争。就西安来说,竞争主要集中在几家大的有实力的企业之间。那么对于月饼这个产品来说,品牌的概念是什么,怎样才能树立起企业和产品的品牌呢? 我认为月饼的品牌实际包含三个方面:第一是企业和产品的知名度,第二是企业和产品的美誉度,第三是消费者对产品的认可度。

知名度:一个企业产品的品牌含金量高不高,首先是看它的知名度。每逢八月十五,人们一谈起月饼,首先就想到某个企业和它生产的月饼。如果搞一次民意测验,企业知名度最低应该在50%以上,在业界的排名应在前三名,并且在业界要有一定的地位和影响力。

知名度的树立和提高是由多方面的因素构成的,包括广告宣传、公共关系、产品形象、产品质量、服务水平、连锁店的多少等,其中最主要的还是要靠广告宣传。有人说,知名度与企业历史有一定关系,如百年老店,知道的人肯定多。但实际上企业的历史与企业的知名度虽然有一定关系,但不一定成正比。在西安,一些历史比较悠久的厂家的品牌知名度并没有一些新兴企业的知名度高,在月饼品牌上更是如此。相反,有一些老的企业的品牌知名度不但不高,而且在下降,这与企业近年发展的规模与速度有关,且与企业的广告宣传、市场营销的力度有直接的关系。所以目前很多烘焙企业都十分注重企业的广告宣传。广告宣传,又分为硬广告和软广告。软硬结合的宣传效果会更好,但许多企业对软广告的应用还不是十分到位。

美誉度:所谓美誉度就是人们不仅知道这个企业,还要认可这个企业,对它有很深的了解和赞誉,对其企业形象和产品有很高的评价,这可能是最重要的。现在一些企业、一些产品虽然知名度很高,但不一定美誉度就高。一个企业可以花上亿元的广告费提高知名度,但广告打不出企业的美誉度。

企业的美誉度主要与企业的产品质量、价格、服务水平等有密切关系,也就是说企业美誉度与广告无关,但却与公共关系有关。一些企业长期坚持做公益广告,在社会上做公益活动,这个企业可能就具有"两度",即不但具有知名度,同时也有美誉度。所以许多企业越来越重视企业在社会上的形象,越来越注意企业的公共关系。

认可度:所谓认可度,就是顾客和消费者不但认可企业,更认可企业的产品质量、产品功能、社会口碑,并时常购买消费该产品。比如每年的八月十五,他们都买同一个企业的月饼,甚至同一个产品。这就是说顾客对企业、对产品有了很高的认可度。

在品牌内涵中,顾客的认可度对企业是最重要的,因为企业做品牌的目的最终就是要把产品卖出去,赢得市场,让消费者愿意购买;否则,徒有虚名。如果只有知名度和美誉度,而没有顾客的认可度,那就少了一个最重要的内容。可以说,知名度、美誉度、认可度缺一不可。其中,最重要的是要树立消费者对企业、对产品的认可度。企业在这方面应坚持长期不懈的努力,才能取得顾客最佳的认可度。

陕西月饼三大流派

尽管八月十五人人吃月饼,但东西南北中各地月饼的做法和种类却大有不同,就像中餐有八大菜系、十大菜系一样,中国的月饼也有几大流派,如广式月饼、潮式月饼、台式月饼、苏式月饼、晋式月饼、滇式月饼、哈式月饼、秦式月饼等等。在这些月饼流派中,秦式月饼是一支重要的流派。

陕菜(秦菜)分为陕南菜、陕北菜、关中菜三个流派,秦式月饼也分为陕南月饼、陕北月饼、关中月饼三个流派。

陕南泛指陕西的汉中、安康、商洛三个地区。陕南月饼的代表是镇安酥皮月饼。镇安有板栗、核桃等特产,镇安酥皮月饼皮酥馅香,甜而不腻,月饼馅中多有板栗、核桃,也有纯板栗和纯核桃仁月饼。馅料有甜有咸,以甜为主。镇安月饼在陕南洋县、山阳等地的做法也基本相同。

陕北月饼是陕北延安、榆林等地月饼的总称。这种月饼皮厚,馅少,稍硬。馅料以陕北红枣泥、豆沙为最多,也有五仁和其他馅料。陕北月饼不同于其他地方的月饼,不只在八月十五卖,平时也有卖的,而且卖得很好。如今不但榆林、延安的街头有卖,在西安的一些街头也有陕北人长年做月饼、卖月饼。这些人租一间房子,像做面条、包子、馒头一样,一个案子一个炉子,现烤现卖。这种月饼由于不像广式月饼那样油多、馅多、糖多、酥软,而是油少、馅少、糖少,所以八月十五是月饼,平时就是点心、早点。许多西安人把陕北月饼当早点吃,甚至当馒头、当饼吃。这种月饼陕北人统称老月饼或土月饼。

说起陕北月饼,还有必要提一下定边炉馍。定边炉馍也可以说是定边月饼的一种。过去定边人八月十五家家做炉馍,人人吃炉馍,不但八月十五吃，平时也吃。现在定边的炉馍，已成了当地一个产业，有十几家公司都在做炉馍，如付翔炉馍，不但卖到了西安，也卖到甘肃等地。另外定边的油皮月饼、神木的老月饼在当地也都很有名气。

关中位于陕西中部，号称八百里秦川，是陕西的中心。关中以西安为中心。西安是十三朝古都，有周、秦、汉、唐等历史上最重要的朝代在此建都，是中国古文化、古文明的发源地，同样也是中国饮食文化的发源地。关中在唐代就有胡麻饼、红绫饼、贵妃红等著名糕饼，而且做法已与现代基本一致，即烘烤。胡麻饼是中国最早的饼之一。延安的果馅在当地有很高的知名度，吃的人也很多。

到了宋代，关中渭南又出了一种水晶饼，这种水晶饼过去就称为水晶月饼。一千多年来，水晶饼长盛不衰，德懋恭、志宽水晶饼，已成为目前西安家喻户晓的品牌。过去和现在，西安的许多人，特别是农村人，都把水晶饼看作是月饼。

改革开放前，西安还有一种提糖月饼，现在虽很少，但还有人做。这种月饼圆、大、皮厚、馅少，吃起来不油腻，很香甜。西安近几年出现的"软香酥"，虽然不叫月饼，但八月十五买的人也很多，吃的人更多。在西安甚至形成了一股"软香酥"热。"软香酥"的代表品种是红星软香酥，是近几年陕西新式糕饼的代表。

为食品添加剂正名

近几年,由于一些不法分子为牟取暴利,在食品中过量加入一些根本不能食用、严重影响食品安全和人们身体健康的有害物质,从而大大影响了食品添加剂的名誉和它的本来含义。人们甚至把食品添加剂当成一个贬义词、有害品,认为凡是加了添加剂的食品都不能食用等等。因此,需要为食品添加剂正名。

科学家把食品添加剂定义为"为改善食品品质和色香味以及防腐与加工工艺的需要,而加入食品中的化学合成或天然物质"。可见,食品添加剂绝不是可有可无的,它是食品工业在食品加工工艺中的一个必需内容,特别是在各种肉类食品加工中,食品添加剂更是有着不可或缺和不可替代的作用。食品添加剂不但能改变食品,特别是肉制品的色、香、味、形,而且对提高产品品质、产品质量、降低产品成本等方面都有着重要的作用。

当然,食品添加剂在食品加工中的使用和运用有严格的规定,甚至有法律约束。目前世界各国对食品添加剂的使用,都有严格的规定。因为作为食品添加剂,除了满足食品加工工艺等方面的要求外,还必须有绝对的安全性、可靠性,比如《中华人民共和国食品卫生法》就规定生产经营和使用食品添加剂,必须符合食品添加剂使用卫生标准和卫生管理办法,不得经营和使用不合格产品和非指定工厂的产品,而且规定"食品添加剂必须符合质量标准,由国务院和省一级的相关部门指定工厂生产"。目前在食品中出现的添加剂过量使用和非法使用及国家不允许使用的添加剂等非法行为,大多是一些非法的黑食品加工厂和小作坊生产的,所以消费者在购买食品时应该购买一些有规模、有品牌的现代化大厂生产的食品。

目前,随着我国食品工业的不断发展,随着食品工业与世界的接轨,尤其是人们对食品安全的日益高度重视,特别是人们营养、健康、安全意识的增强,也对食品添加剂的使用提出了更高更新的要求,如要求食品添加剂绿色化、环保化、功能化,尤其是食品添加剂的安全性更被人们所重视。天然的食品添加剂在市场中更受欢迎,特别是在食品的着色和增味中,天然的食品添加剂安全性更强,效果也更好。

秦饼文化与故事

补天饼

在临潼、蓝田等地，一些农民至今还保留着一种烙补天饼的习惯，而且是为了纪念女娲。

相传女娲生于农历正月二十，曾在临潼骊山炼五色石补天。临潼人每到正月二十，家家都要烙补天饼。烙好后由家中最年长的妇女把其中一块抛向房顶，以示补天；再将另一块抛入井中，以示补地。然后家人才吃。

中国许多食品，尤其是一些饼，最初都是作为祭祀食品出现，如月饼，起初是以祭月开始，然后逐渐成为人们的日常食品。

补天饼能延续至今，不但证明了传说的久远，而且证明了此种食品的强大生命力，一种饼文化的传承力。古往今来，饼文化在三秦大地上延续千年，绵延不断，也为中国的饼文化做出了巨大的贡献。我们完全可以说中国的烹饪文化、饼文化其根脉基本都在三秦，都在陕西。

汉王饼与太后饼

汉王刘邦初为亭长时,本不是十分富贵,靠几亩薄田勉为生活。一日,其妻吕氏到田间割草,有一老者顾视多时,意向吕氏求食。吕氏见老人可怜,遂回家中取饼与老人。老人吃完后说,夫人日后必当大贵。吕氏又引子到老人前。老人抚摸子首道,夫人所以富贵,便是为着此儿。说完自去。

适值刘邦回家,知此后快步追去,未及里许,只见老人步履艰难,蹒跚而行。刘邦道,老人可为我一见否?老人闻言回顾道,君相大贵,夫人子女都是大贵,足下真乃大贵。说罢转身而去,不知去向。至刘邦兴汉,遣人寻觅,亦无下落。唯刘家所制带馅烧饼名声大振,天下人争尝,以后被称为汉王饼广为流传。

与汉王饼并行的还有一款太后饼,但与刘邦和吕氏无关,而与汉文帝刘恒和其母薄太后有关。

相传汉文帝刘恒的母亲薄太后聪慧贤淑。文帝在母亲的教养下很能体察民间疾苦,做了皇帝后便施德于民,开创了历史上闻名的文景之治,国富民强。

薄太后本是南方人,因长期居住在皇宫内,少不了思念家乡。有一年她从长安出游,向北过渭河一直游玩到怀德县(今富平县),发现这里的自然地理环境很像自己的家乡。回宫后她告诉儿子想把那里当娘家看待。文帝是孝子,便在怀德建行宫。行宫建成后,薄太后把母亲和众姐妹接来,同来的还有厨师、丫鬟、奶妈等人。在随行的厨子中,有一个人有一手烤制烧饼的手艺,烤制的烧饼非常好吃。薄太后常从长安来此看望母亲,母亲则用饼款待女儿,薄太后也很爱吃。母女俩常把此饼送与当地百姓吃,日久民间也仿制。人们出于对薄氏母女的爱戴,便把此饼称为太后饼,留传至今。今天的富平仍有太后饼售卖。

汉桂柿子饼

西安有柿子饼,汉中也有。但汉中柿子饼前加了两个字,叫汉桂柿子饼。

汉桂是一种树名,汉桂树开花。汉中人做柿子饼时还要放汉桂花瓣,其味更香。而且相传汉中汉桂柿子饼只用一棵千年汉桂树上的花,别的不用。因为此树相传为汉刘邦的丞相萧何在汉中时亲手所栽,故名汉桂。

此棵汉桂与普通桂树不同,它每年花开两次,花色鲜艳夺目,花味其香无比,而且花期长、花瓣多。据《南郑县志》载,圣水寺在中七里坝,中有桂树,大四五合抱,开花时,香达数里。

汉中也有柿树,果大,甜而红润,营养丰富。用汉中柿子与汉桂树之花做汉桂柿子饼能不香吗?

在这里我要特别提到,在饼中放花古已有之,汉唐时已十分流行。饼中放花,甜中有香,味道更佳。西安过去各大食品厂都曾做鲜花饼,放玫瑰、菊花、牡丹等。云南玫瑰鲜花饼还是向我们陕西人学的。不过人家现在做的比我们好,我们今天应该向云南人学习。

刘邦与红油饼

红油饼又称油饼、油馍馍、清油饼,古时称金饼。

红油饼从理论上讲,不属秦饼,但后传入长安,在临潼等地扎根,所以列入秦饼也不为错。

据《后汉书》记载,刘邦打败项羽后登基称帝,定都长安后不久,就把远在江苏沛郡(今江苏省徐州市丰县)的父亲接到长安。但老头到长安后不适应北方生活,身边又无熟悉之物,于是闹着要回家。作为孝子的刘邦就仿照家乡丰邑的街巷布局,为父亲在临潼重筑新城,起名叫新丰镇。镇上山水如丰邑,而且把故乡的乡亲故友及食物也全部迁到了新丰镇,如刘父爱吃的红油饼、爱喝的白醪酒,这样老头才留了下来。红油饼也因此在临潼流传了下来,至今还有卖的。

唐朝的饼

胡麻饼

胡麻饼由西域传入长安,也叫胡饼,因有芝麻而得名。芝麻也叫胡麻,也是西域传来的。

此饼早在汉代就有,至唐时已十分盛行,随处有售。唐辅兴坊的胡麻饼最为有名。汉唐时赏月,胡麻饼是必不可少的。

此饼制作简单,以精细面粉为原料,掺入适量的油和成面,经发酵后,做成饼状,上面粘上芝麻,烘烤而成。此饼面脆油香,十分好吃。白居易年轻时久居长安,不仅自己喜食此饼,还学会在家中自制。后来任忠州(今重庆市忠县)刺史时,他亲手制作此饼,派人送给时任万州刺史的好友杨敬之,并附诗一首:"胡麻饼样学京都,面脆油香新出炉。寄与饥馋杨大使,尝看得似辅兴无。"

据《资治通鉴》载,安史之乱时,唐玄宗与杨贵妃仓皇出逃,至咸阳集贤宫时无以果腹,杨国忠便到咸阳街上买胡麻饼给唐玄宗吃。

安康的两个县有一种饼叫炕炕馍,一是汉阴县,二是石泉县。炕炕馍很像唐时的胡麻饼,酥脆香甜,饼面粘有芝麻。著名饮食文化专家王子辉先生知道我研究秦饼文化,告诉我,汉阴的炕炕馍很像唐时的胡麻饼,他去考察过,也吃过。我也去过石泉县,吃过炕炕馍。我认为炕炕馍也许就是当年从唐朝的长安传到汉阴、石泉等地的。在现今浙江、江苏一带,当地居民八月十五吃的饼叫芝麻薄饼。芝麻薄饼就是从唐朝的胡麻饼沿袭下来的。

红绫饼

《古今图书集成》引《洛中见闻》中记述，唐僖宗在中秋节吃月饼，味极美。他听说新进士在曲江开宴，便命御膳房用红绫包裹月饼赏赐给他们，后史书中称其为红绫饼餤。在这里"餤"是馅料之义，说明唐时就有了带馅的月饼。

关于红绫饼餤还有一种说法。唐昭宗光化年间举行的进士会考，录取了裴格等二十八名进士。新进士在曲江举行宴会时，唐昭宗特派人送去二十八个红绫饼，每人一个。卢延让登第时亦尝过皇帝赐赠的红绫饼餤。他老年在四川做官时曾写诗称"莫笑零落残牙齿，曾吃红绫饼餤来"，意思是说，孩子们别笑我老头没牙了，我年轻时牙很好，还吃过皇帝亲自送给我的红绫饼餤呢。

盂兰饼馅

在唐代，中秋节的前一个月即七月十五叫"中元节"。中元节也吃饼。唐代长安丹凤门外，一家店号叫"张手美家"的食铺每年七月十五中元节做一种包有多种美味蔬果为馅料的饼。此饼冠以"盂兰"，是佛教盂兰盆会斋食之意。佛教《佛说盂兰盆经》说，目连母死后极苦，如处倒悬，求佛救度。佛令目连在众僧夏季安居终了之日（夏季七月十五日）备万味饮食，供养十万众生，即可解脱。故后世寺僧于是日具百味之果以着盆中供佛，谓之"盂兰斋"。张手美家食铺按照长安当时民间崇信佛教者众多的特点，创造出"盂兰饼馅"出售，生意兴隆，名声大震。

贵妃红

贵妃红原为唐代一种乳酪食品，用羊奶精制而成，并加红酥。

现今市场上多有"贵妃酥""贵妃饼"等糕点，其出处大多来源于唐朝的"贵妃红"。唐中宗时尚书令韦巨源举办的"烧尾宴"中有此品，是唐代长安官府面点食品。现今的贵妃饼以面粉为主料，用油加水和成面团，加作料及自然食色,用炉火烤制而成颜色粉红、滋味浓郁的酥饼。

20 世纪 80 年代,临潼食品厂在贵妃红的基础上研制出贵妃饼,深受市场欢迎,尤其受外地客人喜爱,在当时已成为一款著名的旅游食品。遗憾的是临潼食品厂没有经受住市场经济的冲击,后倒闭,贵妃饼也因此消失。

我为此询问过很多人,他们说临潼食品厂虽停产了,但可能还有个别老工人在世,恢复和生产贵妃饼还是有可能的。我寄希望于当代一些烘焙企业,到临潼遍寻当年老工人,争取使贵妃饼重见天日,我想这是完全有可能的。

古楼子

普通胡麻饼没有馅,而古楼子则是用生羊肉切成片,分层夹于芝麻饼中,间隔着撒以胡椒粉、豆豉,然后涂以酥油,入炉烤至羊肉熟时即可食用。现在的腊牛羊肉夹馍也许就是在古楼子的基础上演绎而来的,不过现代人是把肉煮熟,夹在饼中,方便多了。我想如今如有人沿袭古人的做法,把生牛羊肉夹在饼中直接烤,也许更香。

唐朝距今已一千多年了,但唐朝的月饼文化在今天的月饼市场上仍然闪耀着无比的光彩。在今天的月饼中,不但留有唐朝月饼的影子,而且当年的"红绫饼""胡麻饼"也已被重新发掘,出现在现代食品市场上。

什么是"见风消"

唐"烧尾宴"的五十八道菜中,有一道叫"见风消"。这个"见风消"我研究了很久,陕菜网的田建国先生也在研究,省外的饮食文化专家都在研究。研究的结果是,大家一致认为"见风消"不是菜,而是一款小吃,具体讲应是一款甜点。但这种甜点是什么样的、用什么做的,都无法确定,更不知它为什么叫"见风消"。

以田建国先生为代表的陕西饮食文化研究专家认为,所谓"见风消",就是今天三原的泡泡油糕。我认为此种分析很有道理。泡泡油糕与唐时的见风消不但形似,神也似。它在西安饭庄和许多陕菜店都有卖,且卖得很好,点菜率很高,也很好吃。

查百度,江苏一饮食文化专家否定了这一说法,他以为"见风消"不是泡泡油糕,而是一种植物。我以为,他的这种说法来源于植物蒲公英。蒲公英的花开以后别说是见风消,就是口中稍吹一口气花就全落了。从这个意义上说,"见风消"是一种植物没问题。但把它怎么与"烧尾宴"联系,与菜品联系,与甜点联系,就很难理解。难道一种食品能做成像蒲公英的杆和花那样?

二十多年前,我在大雁塔吃过一种食品,叫"到口酥",是用油炸的面食,比今天市场上卖的油糕要薄很多,确实很酥,叫"到口酥"名副其实,而且好吃。唐"烧尾宴"中的"见风消",又名"油浴饼",我想会不会就是今日乾县的到口酥?

当然这些只是我们的猜测,我们也不可能穿越到唐朝,问问韦巨源你的"见风消"是个什么东西、用什么做的、是个什么样,更不可能尝尝"见风消"

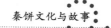

是什么味,与今日的泡泡油糕、到口酥有何不同。

我的结论是,陕西今天还存在的泡泡油糕最接近唐时的"见风消"。但也不排除"见风消"会成为一个千古饮食之谜,我们永远也搞不清它是一个什么东西,更不知它的味道如何。

千层饼

千层饼，顾名思义就是做出来的饼一层一层的，很好吃，但不好做。

千层饼南方、北方都有，有烙的，有蒸的，有烤的。西安饭庄十大名小吃之一的千层油酥饼堪称一绝。

该油酥饼层次分明，脆而不碎，油而不腻。其做法很复杂，经制酥、和面、制饼、煎烤等十多道手续，非常人所能为。该饭庄的金线油塔和一窝酥与千层油酥饼有异曲同工之妙。

千层饼大多数人都吃过，许多人也很爱吃，但是知道千层饼来历的人可能不多。

近日在三亚图书馆看书，在一本书中看到，千层饼与唐玄奘和唐太宗有关：

玄奘不辞辛苦从西域把佛经从印度取回来后，却不敢回长安。因他走时唐朝有令："国政尚新，疆场未远，禁约百姓不许出藩。"西行有越境偷渡之嫌。玄奘从印度回到新疆后，先托人给唐太宗写了一个检讨，不料唐太宗不但未批评玄奘，反而在玄奘到长安后还组织十几万人夹道欢迎。唐太宗还支持玄奘把全国各地的高僧请到长安慈恩寺帮其译经。当佛经译到一千卷时，唐太宗令御厨做千层饼以示庆贺、嘉奖。此后人们便把这种起酥加油的饼叫千层饼。

玉皇饼、武皇饼与乾县锅盔

西安饭庄有玉皇饼卖,我去尝过,不过不是烤的,也不是烙的,而是蒸的。介绍上还讲,这饼也叫武皇饼,即武则天吃过,或与武则天有关。

唐朝饼很多,唐人也爱吃饼。武则天爱吃什么饼,玉皇饼与武皇饼是什么关系也无过多研究。但武则天与乾县锅盔有一定关系是有传说的。

修乾陵时,武则天曾多次去视察,乾县驴蹄子面与武则天有关,而锅盔属乾县的最有名,也与武则天有关。

武则天用几万民工、军人修乾陵,中午人多饭供不上,一些民工饿得不行,就把面放在头盔中用火烤,烤成的饼叫锅盔。士兵和民工都吃,也都说好吃,于是流传至今。我猜想武则天应是知道此事,并有可能吃过士兵用头盔烙的饼。于是我想把锅盔叫玉皇饼或武皇饼可能更为贴切。当然不排除武则天还吃过其他饼。锅盔在西府也有叫文王锅盔的,并传与周文王有关。总之西府大多县都吃锅盔,是锅盔的发源地。具体学术探究,还是让历史学家去做吧!饮食文化讲一点传说应该是可以的。

春节送礼与水晶饼的由来

春节是中国传统节日中最大、最隆重,时间也最长的一个节日。在春节,人们除了正月初一要吃饺子、吃面条,正月十五吃元宵等食品以外,还有一个重要的活动,那就是走亲访友,媳妇带女婿回娘家看父母,小辈看长辈,同辈、朋友互访,等等。春节走亲访友不同于平时,带的礼物较重、较多,一般要带四样礼,也叫四色礼。这四样礼中,别的可能不同,特别是时代发展到现在,人们的生活品位提高了,带的礼也各式各样,比如有烟、酒、水果、饮料等,但是其中有一种是必不可少的,那就是点心,也就是我们所说的糕点。有民俗专家认为,点心实际代表送礼者的心,所以什么都可以不带,唯独点心不能不带。陕西人送点心,大多送水晶饼,而水晶饼属于秦式糕点,是秦饼最杰出的代表,从宋以来已有一千多年的历史。关于水晶饼的来历,还有一个故事,并且与宋朝的丞相寇准有关。

寇准是陕西渭南人,为官清正廉明。据《食经》记载:有一年寇准从都城东京(今河南开封)回乡探亲,适逢他五十大寿,家乡的父老乡亲纷纷前来祝贺。为不辜负乡亲,寇准便在家设宴招待,但不收寿礼。席间,家仆前来禀报,说有人送来一只木盒子,此人知道寇准不收寿礼,丢下盒子就走了。寇准打开一看,只见里边装有十个像水晶一样晶莹透亮的饼子,并附有一张红纸,上面写了一首诗:"公有水晶目,又有水晶心,能辨忠与奸,清白不染尘",落款是渭南老叟。寇准看了饼和诗,暗暗称奇,也深为这一老者的良苦用心所感动,随即留下一块作为样品,其余分给赴宴的乡亲们品尝。以后寇准叫家厨仿照饼样做了出来,并取名水晶饼。

中国的饼文化是中华饮食文化的重要组成部分。所谓饼文化也就是我们平时所说的糕点文化,而在中国的糕点中,方为糕,圆为饼,因为糕点中圆多方少,所以糕点文化也称糕饼文化、饼文化。

　　全国各地的糕点中,单饼加起来可能就有上千种,而且风味各异,各式各样。但其中最著名的有四大流派,这就是广式、京式、苏式和秦式,而秦式糕点在四大流派中影响最大、历史最为悠久、文化内涵最为丰富。这四大流派从时间顺序排列起来,无疑秦式是最古老的。为了写这篇文章,我翻阅了大量资料,仅陕西烹饪大典中记载的唐时的著名糕点就有近百种,这是其他任何流派都无法相比的。

蓼花糖

三原,地处咸阳,离西安不远。

这个不大的小县城实际上是一个美食城,餐饮很有名,有许多历史名餐馆。其中最有名的当数"明德亭",其店名为于右任先生所题写。明德亭最有名的菜是辣子煨鱿鱼丝,也是于右任先生的最爱。他曾以这道菜和其他三原菜在南京招待国民党高级官员,赢得满堂彩,也使陕菜在淮扬菜之乡的江苏南京出了一次名。三原应是地道的陕菜之乡。

这里我们不说三原的菜,而说一款陕西人耳熟能详的食品——三原蓼花糖。

有一首诗写蓼花糖:"生性冰雪姿,胸怀若旷谷。色形如莲藕,风味告乃翁"。

蓼花糖原叫棉花糖,后改为僚花糖,"僚"在这里是好的意思。1900 年八国联军攻陷北京,慈禧西逃西安。三原人送僚花糖给慈禧吃。老太太甚为喜欢,又不大喜欢这个她不大懂的陕西方言,因她见过一种花叫蓼花,其花形也与糖的形状相似,所以慈禧改名为蓼花糖,并一直沿用下来。

蓼花糖源于明代正德年间,距今已 500 多年了。当时有一些南方人在三原卖米做的年糕,每到过年,他们回家前便把没卖完的年糕寄存在当地朋友家中,并悬挂在房梁上。过完年,他们把这些已晾干的年糕捣碎,加少许面搓成棒状在油锅中炸,这种陈年年糕经油炸后膨发,他们又在其中加一些黄豆浆,炸出的棒条软松油膨,吃起来十分好吃,男女咸宜。蓼花糖开始叫棉花糖,后叫僚花糖,再经慈禧改为蓼花糖,成为三原名吃,现在已成为陕西名吃,甚至名扬海内外,成为秦式糕点又一历史名点。

历史上的月饼

"一年月色最明夜，千里人心共赏时。"这是宋代林光朝《中秋月夜》诗中的名句。中国人认为，八月十五的月亮是一年中最明亮、最圆、最美的时候，所以中秋赏月在我国有着悠久的历史。

我国人民最早对月亮就很崇拜，有祭月、拜月的形式；到魏晋时期，从祭月、拜月逐渐演变成赏月、玩月；到唐代赏月、玩月已形成风气。宋诗中也有《中秋月》，诗曰："十二度圆皆好看，就中圆极在中秋。"

赏月、玩月可以泛舟水面，可以登临山顶，也可以在花前树下，趁着花好月圆，趁着良宵美景或寄情、或表心、或传意，但有一样是绝对少不了的，那就是吃月饼。在所有节日食品中，八月十五的月饼无疑是影响最大、文化承载也最为深厚的一种。不同于其他节日，月饼是南北通吃，所以月饼也分为广式月饼、潮式月饼、苏式月饼、晋式月饼、秦式月饼等等。"中秋节"之形成，当在唐朝，有了中秋节才有月饼 。"月饼"之说在唐时不但完全形成，月饼的品种已很多，且当时已有了带馅的月饼。到了近现代，吃月饼、送月饼成了八月十五这个节令最重要的内容。

月饼古已有之，在唐之前已有月饼的记载，不过当时不是叫月饼，也不是为了吃，而主要是为了祭月。《帝京景物略》曰："八月十五祭月，其祭果饼必圆……于月所出方，向月供而拜。"唐朝也有吃月饼的记载。宋人秦再思在《洛中纪闻》中写道：唐昭宗在八月十五中秋节吃月饼，觉得味道极妙，命御厨房用红布包好月饼，赏给新科进士。明代沈榜《宛署杂记》载："士庶家俱以是月造面饼相遗，大小不等，呼为月饼。"

月饼古代也有叫团圆饼的，中秋节与月饼同食之的还有西瓜、葡萄、梨、桃、枣等水果,但却是以果品为辅,没有不吃月饼光吃水果的。

不但中国人吃月饼,作为受中国文化影响之深的日本人也有吃月饼的风俗,而且和中国人一样,也是在中秋月圆时吃。月饼的形状、大小、做法,也都与我国相近,只是在吃法上有所不同。日本的月饼在古时是贵族的食品,一般百姓是吃不上的,到了近代普通人才吃上月饼。在东南亚一些国家,也有中秋节吃月饼的习惯。

在千古流传的文学经典中,留下了许多有关赏月与月饼的佳句:"明月几时有,把酒问青天""小饼如嚼月,中有酥和饴""露从今夜白,月是故乡明""举头望明月,低头思故乡"等等。这些动人的诗句、美好的祝福,充分体现了中华悠久文化、月饼文化的无穷魅力和韵味。

乾县锅盔

全国各地几乎都有本地区的"宝",如东北三宝、宁夏五宝等。这些宝大多是本地特色产物,但不一定都能吃。而陕西乾县的四宝却全是能吃的东西。乾州四宝在乾县的名气不亚于乾陵。

文物名胜令人惊叹,饮食文化令人垂涎,这是中外游客游乾陵后的深刻体会。乾州四宝都是什么呢?锅盔、挂面、豆腐脑、馇酥,这四种地方小吃因其风味独特、做法考究、富有特色,深受人们喜爱,故被当地人视为宝。在四宝中,锅盔馍为头宝,最受人们欢迎,知名度也最高。

相传修筑乾陵时,士卒用头盔烙馍,历经千余年才形成今天之锅盔。陕西关中地区都吃锅盔馍,唯独乾州锅盔有名。陕西八大怪,锅盔像锅盖,讲的就是乾县锅盔。乾县锅盔个大、味香。直径约 27 厘米(8 寸),甚至更大,厚度一般在五六厘米。"形如菊花火色匀,皮薄如纸馍膘多,用手掰开一层层,用刀切开如板油",这是名人对它的描述。

锅盔不但个大、形特,而且好吃,特别是农民用刚收获的小麦磨的面粉烙锅盔、烤锅盔,那味道更绝。入口越嚼越香,下咽回香无穷。吃起来酥,闻起来香,而且容易存放。夏天放个三天五天,冬天放个十天半月都不成问题。

过去陕西人外出,都自备干粮,而干粮80%是锅盔。带锅盔上路,方便、好带、好吃。如果一个人带乾州锅盔出门坐车,会散发出一种特殊的香味,使同车人未见其馍,已闻其香,诱人食欲。这几年,到乾县旅游的人越来越多,人们在看了乾陵、观看了武则天的墓后,都要品尝一下乾县的锅盔,不但要吃,还要带一些回去。乾县锅盔不但是一种食品,更是一种旅游纪念品。

唐朝皇帝与饼

唐朝人爱吃饼，平民爱吃，皇帝也爱吃。

唐时，尤其是盛唐时，民间有许多饼，蒸饼、炊饼、胡麻饼……各种胡饼。宫中也有各式各样的宫廷饼。

安史之乱，杨贵妃与唐玄宗西逃到咸阳，中午饿了还让杨国忠买胡麻饼吃。杨贵妃也爱吃各种各样的饼，唐时就有以杨贵妃命名的饼，叫贵妃红。

唐朝最爱吃饼的不是唐玄宗，也不是唐昭宗，而是唐中宗。唐中宗是武则天的第三个儿子。此人两次当政，皇帝做得不怎么样，却在生活上，尤其是吃上十分讲究，尤爱吃饼，最后还死于饼。

唐朝有一个名宴，叫"烧尾宴"，被称为天下第一宴，就是唐宰相韦巨源在家中招待唐中宗的。因韦巨源知道唐中宗爱吃饼，在五十八道菜的烧尾宴中竟有十几种饼，如贵妃红、曼陀样夹饼、八方寒食饼、见风消、双伴双破饼、水晶龙凤糕、单龙金乳酥、唐安餤等。

唐中宗爱吃饼，也死于饼，而且是他夫人和女儿用饼将他毒死的。

景龙四年（710）五月，一地方小官燕钦融上书指责韦皇后淫乱，干预朝政。唐中宗召燕钦融来京诘问。韦皇后得知后指使手下卫士将燕打死，唐中宗知道后十分生气。韦皇后害怕唐中宗查她淫乱之事，安乐公主则希望母后临朝主政，自己当皇太女，效法武则天。于是母女合谋害死唐中宗。因韦后知道唐中宗爱吃饼，于是便在饼中做了手脚。韦皇后亲自在饼中放了毒药，送入宫中。此时唐中宗正在批阅奏章，不知饼中有毒，拿起就吃，吃完不到一刻钟就呜呼哀哉了。你说冤也不冤，一个好好的皇帝竟死在自己老婆和女儿手中。

杨贵妃与月饼的传说

杨贵妃作为中国四大美人之一,不但与唐玄宗李隆基演绎了中国历史上一场惊天动地的爱情悲喜剧,而且与中国的传统节日——中秋节有着不解之缘。民间就流传着许多关于杨贵妃与月饼的动人传说。

杨贵妃与陕西的糕点缘分不小,历史上有一种糕点就叫贵妃红,此点心在唐"烧尾宴"中就有记载,后来又有了贵妃饼、贵妃酥等。关于月饼的来历,有这样一个故事。农历八月十五那天,杨贵妃和唐玄宗李隆基一起赏月,旁边桌子上不但摆放有葡萄、西瓜、石榴等瓜果,还放了十多种各式各样的糕饼,有甜的、咸的,有带馅的、不带馅的,有方的,也有圆的(古人称方为糕,圆为饼)。杨贵妃拿起其中一个带馅的饼尝了一口,感觉口感极佳,于是大为赞赏,遂问此饼何名,谁知,在座的无一人能叫出名字;又把做饼的御厨叫来,竟然也不知其名。于是,李隆基与众人同声说道:"还是贵妃娘娘给起一个名字吧。"贵妃低头看看手中的圆饼,再抬头看看天上的一轮明月,随口便道:"就叫月饼吧。"大家齐声叫好,于是便有了专为八月十五赏月时吃的"月饼"。

关于这个故事还有另一种说法:八月十五赏月时,杨贵妃拿起一块饼,吃了之后甚感香甜,问叫何饼。一下人说叫胡饼,贵妃问为何叫此名,下人答曰:"因由胡人而做,又从胡地传来,所以叫胡饼。"可是,李隆基和杨贵妃都觉得这名字不好听,于是,杨贵妃就说:"以后就叫它月饼吧。"

近日,在网上看到,浙江一带有一种特色月饼,叫邵永丰麻饼,在当地名气很大。这种饼就是源于古时的胡麻饼。网上文字介绍,胡麻饼当是中国月饼的始祖。可见,胡饼与月饼有着十分密切的关系,而胡饼源于长安,月饼的故乡在长安这一说法应该是成立的吧。

西北大学民俗学教授韩养民认为,关于月饼的起源说法很多,有魏晋起源说、唐初起源说、唐末起源说、北宋起源说、元末起源说等等,但中秋节和月饼都起源于长安。

麻花的故乡在陕西

　　麻花,一个十分普通的油炸食品,但喜欢吃的人很多。麻花酥脆甜香,刚出锅或大一点的则软糯可口,比如天津大麻花。

　　说到麻花,人们也可能会还想到另外一个地方——山西。山西的麻花以小著称,所以称山西小麻花,它的主要特点是酥脆可口。我专门去过山西,去过太原,去过与榆林交界的山西许多县,麻花确实很多。说到中国最大的麻花则要数天津的大麻花了。天津最著名的大麻花是天津贵发祥十八街大麻花。

　　但说到麻花的历史和由来,我想大多数人可能说不清,也不知麻花最早产于哪里。那么我告诉你,产于陕西。

　　你也许不相信,因为有人说麻花的由来是因蛇蝎。古时蛇蝎流行,有人把面蹉成条,又拧在一起,形如蝎尾,然后放在油锅里炸,尔后食之,意在吃蛇蝎,不再让它们害人。但我更相信麻花的由来与陕西有关,并诞生于陕西关中。

　　隋末,天下大乱,民不聊生。隋大业十三年,即公元 617 年五月,李渊决定起兵,形势危急。李渊三女儿平阳公主和其丈夫柴绍商议,决定分头行动。柴绍带人直逼太原。而平阳公主则回到陕西户县(今鄠邑区)的李氏庄园,并将当地的产业变卖,救济灾民,并为李渊招募更多兵力。平阳公主以其卓越的胆识和才略,很快组织了七万多人,并将这些人训练成一支强劲的军队,率领他们打败了朝廷的一次次进攻。因平阳公主是女的,军中也有一些女兵,所以这支军队号称娘子军。这支娘子军势如破竹,百战百胜,很快占领了户县、周至、武功、兴平等地,为李渊攻占长安及建立唐王朝立下了汗马功劳。

在战斗中,平阳公主为犒劳士兵,命军厨将面搓成条,又拧在一起放到锅中油炸,炸好的食品十分好吃。士兵大饱口福,很是喜爱,以后从军中流传于民间,人们把这种油炸的食品叫麻花。经唐、宋、明、清,一直流传到现在,而且越传越广,麻花越做越多,成为中国北方一个十分普遍的大众食品。

唐朝的粽子

端午节起源于何时,粽子何时发明,说法很多,但大都认为在唐以前。到了唐朝,端午节基本成型,过端午节已经成了一件大事。端午节不但规模大、内容多,而且吃粽子也已成了主要内容之一,不论达官贵人还是平民百姓都喜欢吃,并出现了很多名粽(既今天所说的名牌粽子)。

赐绯含香粽

"赐绯含香粽"是唐代长安官府宴食品。唐中宗时,韦后族兄韦巨源拜尚书令时举办的"烧尾宴"中就有此食品(见宋陶谷《清异录》转收《韦巨源烧尾宴食单》)。

"赐绯含香粽"以糯米为主料,掺以红色香花提炼出的香料包制而成。食时,切片装盘,吃时淋以蜂蜜。与一般粽子不同的是,此粽颜色鲜红,内含香料味。因系官府宴会名品,故按其颜色冠以官场用语"赐绯"。所谓"赐绯",即皇帝赐予的绯色(红色)。唐初,紫色为三品以上官服,绯为五品以上官服。据考证,当今西安回民街上卖的蜂蜜凉粽子就是从唐朝"烧尾宴"上的"赐绯含香粽"而来的,不过没有加入红色香料而已。

在唐代,粽子的形状已经很多,有角粽、菱粽、筒粽、秤砣粽、锥粽等。今日,回民兄弟做的用纱布裹着、大大的凉粽子就是典型的锥粽,吃时用绳子勒成一片一片的,装入盘中,撒上玫瑰蜂蜜,十分香甜可口。

关于蜂蜜凉粽子还有一个更早、更古老的传说,与炎帝神农氏有关。《通志》中说"以火德王天下,故为炎帝"。作为氏族首领,炎帝在艰难的创业中,有很多发明,蜂蜜凉粽子便是其中之一。姜炎族发挥自己所长,造农具、植六谷、建仓库,很快便使这一地区繁华富庶起来,同时也受到其他部落的尊敬。大家共同推举炎帝为部落联盟的首领。姜炎族成员在迁移中,由于路途遥远,人们经常是饥一顿饱一顿,生活非常艰苦。炎帝就命令部下饭后再煮稠饭,放凉后切成块,每人一份,用芦叶或树叶包裹,随身携带,以备饥饿时食用。后来在与蚩尤的战争中,军情紧急,战斗异常激烈,前方粮草已经不多,炎帝就令部下将部分种子粮取出,用芦叶或树叶包成角状,并用细长草捆住,煮熟后送往前线。没有味道怎么吃?炎帝发现身边还有半罐子蜂蜜,就让士兵一同送往前线。前方将士击退了敌人的多次进攻后早已饥饿。他们接过种子粮,解开包扎,蘸些蜂蜜吃。种子粮甜香又凉爽,将士吃了之后顿时力气倍增,大家一鼓作气,最终打退了蚩尤。人们将这种用苇叶和荷叶包扎的食品叫种子,后演变为谐音"粽子",一直延续至今。

庚家粽子

在唐朝,并不是家家户户自己做粽子吃,而是有专门做粽子、卖粽子的商户。在这些做粽子、卖粽子的商人中,尤以"庚家粽子"有名,类似于今天的品牌粽子。据史书记载,在唐朝所有的粽子中,"庚家粽子铺"的粽子最为有名。其以糯米为原料,用芦叶或笋叶包制而成,掺以甜味辅料,粽子白莹如玉,诱人食欲。唐元稹有诗"彩缕碧筠粽,香粳白玉团"。粽子的别名又叫白玉团。日本人对唐朝的粽子十分喜欢,后引入日本就叫"大唐粽子",至今还有卖的。

九子粽

唐朝的九子粽,是做粽子的商户把九个粽子穿成一串,其大小不一且形状各异,大的在上,小的在下,造型非常好看,并且一定要用九种颜色的丝绳扎成五彩缤纷的效果。唐明皇曾作诗称赞九子粽"四时花竞巧,九子粽争新"。从九子粽可以看出,唐时的商人已很有营销意识了。

百索粽

唐时还有一种"百索粽",因粽子外面缠有多种丝线,或草索而得名。唐时,皇帝多在端午节赐"百索粽"给百官,当时还流行一首诗叫《端午日恩赐百索》:"仙宫长命缕,端午降殊私。事盛蛟龙见,恩深犬马知。馀生倘可续,终冀答明时。"时至今日,很多人包粽子时还习惯用五色线缠之,也是古代流传下来的端午风俗之一。

如意图

唐代长安端午节不但吃各式各样的粽子,还吃其他食品,比如叫如意图的蒸糕。之所以叫如意图,是因为蒸糕上面雕饰有各种如意图案。在唐代长安城丹凤门外,有一家食铺叫"张手美家",每年端午节这天专做此品,购买者甚多。有专家认为,如今,西安人在端午节除了吃粽子还有吃油糕、绿豆糕的习俗,或许与过去端午节吃如意图有一定的关联。

唐朝大臣与饼

　　唐朝是诗的世界,也是吃的世界。在唐人的吃食中饼很多,有各种各样的饼,各式各样的人都爱吃饼。皇帝爱吃,平民爱吃,大臣们也不例外。

　　武则天时代,蒸饼盛行,中书舍人张衡下朝后饥肠辘辘,就在路边买了一个蒸饼吃起来,感觉很香很好吃,但这件事被别的大臣告发了。武则天知道后大骂张衡:"一个馋鬼能有什么出息?"因一个饼,就动摇了武则天提拔张衡的念头,你说张衡冤不冤,悔不悔。

　　在武则天时代五六十年后,唐代宗时期,宰相刘晏上朝途中在街上买饼吃,边吃还边说"美不可言",十分好吃。好在这次没人告发,唐代宗没发现,也无人罚他。当然原因是刘晏当宰相时非常爱民,为百姓做了不少好事。

　　唐代的饼分蒸饼、汤饼、烧饼等,这些是以加工方法而分的。蒸饼就是用笼蒸,烧饼是用火烤,汤饼则是指以水煮熟的面片、面条、馄饨、饺子类,统称汤饼。唐诗中也有许多有关汤饼的诗句。唐方干《赠山阴崔明府》:"平叔正堪汤饼试,风流不合问年颜。"唐刘禹锡《翠微寺有感》:"汤饼赐都尉,寒冰颁上才。"说明"汤饼"在唐朝十分流行。

兴平棋子馍

在关中汉武帝茂陵所在地的兴平，这里有杨贵妃的墓地，还有一种历史悠久、脍炙人口的传统食品叫棋子馍，也叫兴平干馍。

兴平干馍的来历有两种说法。一是此馍始于唐代，原为各地往返京城送公文的人的干粮，也叫差馍。唐代天宝年间，一次偶然的机会，一个传递文书的差役将此馍带入皇宫，皇帝、后妃、皇子皇孙们吃了以后都说好吃，特别是杨贵妃吃了后大加赞赏，常让差役进贡。

还有一种说法，清代兴平西郊桑镇有一女子叫芳莲，其丈夫是有名的举人，名叫杨山山。此人历史上有记载，生于1687年，卒于1758年，还是一位有名的农学家、教育家。杨山山考举人时，其妻要给丈夫准备路上的干粮，带锅盔怕太硬，带馒头怕发霉，想来想去，在厨房烙了一种又白又软、油光发亮的像棋子大小的馍，便叫作棋子馍。媳妇还细心地缝了个口袋给丈夫装上。

杨山山在赶考的路上吃媳妇做的棋子馍，会考当天也吃棋子馍，而且考的成绩很好，第一个交了卷，还考了个第一名。主考官事后问杨山山，你为什么考得那么好？杨山山回答，考前吃了媳妇烙的棋子馍又香又甜，精神感觉特别好，文思如涌。考官也想尝尝棋子馍，于是杨山山就拿给主考官，主考官也觉得好吃，还给棋子馍起了另外一个名字叫"助考馍"。以后棋子馍便在兴平一带留传下来，至今还有卖的。

宁强王家核桃饼

核桃是秦岭山中最常见也最好吃的一种干果,营养丰富,很受人欢迎。以核桃做食品或馅料在陕南十分普遍,宁强王家核桃饼是其中的杰出代表。

宁强古称宁羌县,是羌族比较集中的地方。宁强也处在川、陕、甘三角地带的秦巴山区。这里像陕南其他地方一样,也盛产核桃。

核桃饼是当地一特色食品,小如瓷盘,色泽橙黄,酥脆香甜,回味悠长。当地人大都会做也常吃。外地人则将此饼当特产,买回家中,自吃或送人,很是好吃。

在宁强做核桃饼最有名的当数王记福兴核桃饼。此店主人姓王,创于明末清初,后将技艺传于同样姓王的王文选。王文选又将其技术传给弟子,弟子又传于其妻,直到1956年加入合作社。

王家核桃饼远近闻名。1900年慈禧西逃至西安,王家曾将此饼献于老太太。1942年于右任先生入蜀途中,路过宁强,尝过此饼,赞誉有加。从此王家核桃饼更是身价倍增。

三百多年来,宁强王家核桃饼,之所以经久不衰,是因为其质量上乘,且始终如一。如今到宁强仍然可以吃到这种核桃饼。

西安秦八件

北京有个京八件,是北京稻香村公司的传统产品,在北京的各大商场都有售,每年的销售额有几个亿。西安过去也有一个秦八件,但现在已经消失了。秦八件是陕西传统风味食品,每盒 8 块,饼面分别印有福、禄、寿、禧、金鱼、麦穗、石榴、拨鼓图案,分红、黄、白、绿四种颜色,象征一年四季吉祥如意,是宴宾、祝寿、贺喜的贵重礼品。

制作分配料、制皮、制酥、制馅、成型、焙烤、包装等工序。

每 50 千克成品,皮料用富强粉 13 千克、熟猪油 3 千克、水 4.5 千克。红、黄、绿食用色素按规定剂量添加。酥料用富强粉 6 千克、熟猪油 3 千克。馅料用标准粉 6 千克、熟猪油 1.5 千克,瓜条、糖玫瑰、橘饼、青红丝各 1 千克,白糖 10 千克。

秦八件饼面的颜色绚丽多彩(需加适量食用色素),禧字用红色,禄字用绿色,寿字用黄色,福字及金鱼、麦穗、石榴、拨鼓均用不染色的白面。制皮面时先将熟猪油 3 千克、水 4.5 千克入和面机搅拌均匀,待油乳化后投入富强粉 13 千克(需染色的面剂同时加入食用色素),先拌成面絮,分次加水,使面团充分吸水,面筋逐步形成,面团由硬到软,至光滑滋润为佳。制酥时将富强粉 6 千克、熟猪油 3 千克充分搅拌,以柔软为度。制馅前将辅料瓜条、糖玫瑰、橘饼、青红丝各 1 千克切碎,将熟猪油 1.5 千克、白糖 10 千克入拌馅机搅拌均匀,投入标准粉 6 千克搅拌至绵软适度,再加入切碎的辅料拌匀。采用大包酥分个包馅后,用福、禄、寿、禧和金鱼、麦穗、石榴、拨鼓 8 个模具磕成,提面焙烤,熟透出炉即成。秦八件玫瑰、橘香味突出,绵甜适口,内部层次分明,外观字迹及花纹清晰,颜色素雅协调。

我希望有实力的企业,能重新恢复生产秦八件,相信一定会有很大的市场潜力。

洋县后悔饼

洋县人流传一句话,"吃了后悔,不吃也后悔,到底后悔不后悔,实际不后悔",其实是说一种当地的风味食品,叫后悔饼。

相传在唐代,洋县某地村民王正,为了生计,到造纸术的发明人蔡伦所在地龙亭铺,经营一种以红苕和面做成的饼,但一时取不了一个好名称。一天,外地张杨、李生二位客商路过此地。张杨肚中饥饿,买了那饼便吃。回到店中告知李生,那饼如何如何好吃。李生问,叫什么饼? 张杨半天答不出来。李生说,你吃了半天连饼名都叫不出来,你后悔不? 张杨说后悔,但你没吃更后悔,因为你根本不知道那饼有多香。二人争执了半天,决定一块去尝尝那饼。李生尝了后说,此饼确实好吃,不吃真后悔。于是两人感叹,到底后悔不后悔,实际吃了真不后悔。听了二位商人感叹,王正决定将自己的饼干脆就叫后悔饼,于是后悔饼便传了下来。因为好吃,这种用小麦面和红苕粉烙的饼还传到了城固等县,成了陕南一大特色食品。

月牙烧饼

相传很久以前,同州城里一个卖饼的小伙子叫王维成。他自幼丧母,跟着父亲卖烧饼。谁料不久父亲也去世了,从此只有他一人卖烧饼度日。虽然维成做饼用心,分量也足,可卖饼只能维持生活,家里依然贫穷,他三十多岁还未娶上媳妇。

天地有情,一天傍晚,月宫里的嫦娥变成一个面色萎黄的穷老太婆来到维成面前,贪婪地盯着炉子上的饼。维成看到老人可怜的样子,就把老人扶着坐下,并拿出新烤的饼给老人吃,又给老人喝了水。老人吃完,休息了一会,就离开了。

如是数日,维成天天招呼老人,但生意却日渐冷落,最后几乎无人问津。一天老人开口说道,我年轻时也卖过烧饼,比你做的稍好些,现在做点你试着卖。只见老人把面做成了月牙形,然后放进炉中烤。烤熟后维成一尝,确实好吃。他学会后做成的月牙烧饼很快就卖完了。

正当他想感谢老人时,却发现老人不见了。只见一仙女轻飘飘飞上了天,还向他招手致意。最后仙女进了月宫,小伙才明白原来是仙女下凡。

以后,维成就做月牙烧饼,越卖越好。生意好了,他也娶了媳妇,从此他把此饼叫月牙烧饼,一直留传至今。今天大荔水盆羊肉店卖的还是月牙烧饼。

椒盐饼

椒盐饼是陕西韩城名饼、名小吃。相传西汉末年,韩城住着一对种花椒的年轻夫妇。每当丈夫出门卖花椒时,贤惠的妻子就在家中把焙好的花椒研磨成细面,然后与盐合在一起撒在饼上,然后烙饼,让丈夫带上当干粮。

有一次丈夫外出卖花椒,途中在一小吃店歇息,向老板要了一碗面汤,吃媳妇给自己烙的饼,一股椒盐香味传遍全屋。此时乔装访贤的皇上也歇息在这家店中。闻到一股好香的味道,问店主香味何来。卖花椒的小伙便把自己带的饼分给大家品尝,并说,他们韩城人常吃这种椒盐饼,而且此饼还能治腹胀、肠胃不适等疾病。皇帝吃了椒盐饼,觉得十分好吃,临走还买了些花椒,回家让御厨也做椒盐饼,同时在烹饪中当调料用,于是椒盐饼便留传至今,成为韩城一道名吃。

陕北月饼有特色

陕西月饼分为陕南月饼、关中月饼、陕北月饼三大流派,其中陕北月饼最有特色。

作为陕西烘焙协会文化专业委员会主任的我,近几年曾多次去陕北,上延安、下榆林,到神木、赴定边,目的就是考察陕北的烘焙文化。我发现陕北的月饼不但品种多,而且都很有特色。

在榆林的神木流传一种陕北月饼,其外形很像关中的提糖月饼,但稍大、稍厚,馅料为五仁馅。与广式月饼不同的是,它皮厚、馅少且馅为颗粒状,吃起来口感和味道与广式月饼完全不同。我把这种月饼从神木带回家,全家人一致认为是吃过的月饼中口感最好的一种。爱人还把这种月饼带到北京,让亲戚尝,他们也都说好吃。为此,我还专门访问过神木雪峰公司的郭文光经理,他说这种月饼每年八月十五在陕西榆林、山西、内蒙古等省市都卖得很好。

榆林有三边:定边、靖边、安边。过去所谓的"三边文化"就是指这三个县(现在安边县已不存在)。这三个县特别是定边,八月十五、过年过节,家家户户都做炉馍,炉馍也是陕北月饼的一种。八月十五,榆林人都会吃炉馍,也互相送炉馍。现在定边的付翔炉馍已走出定边,走出陕北,卖到了西安,也卖到了山西、内蒙古、河南等地。定边还成立了炉馍协会,有炉馍企业二十多家参加,年产值在 1 亿元以上。陕西省烘焙协会还准备为定边授予"炉馍之乡"的称号。

延安是革命圣地,延安用小米和南瓜滋养了毛泽东、朱德、周恩来等老一辈的革命家,也滋养了中国革命。延安的月饼也很有名。今年 6 月我到延安嘉乐食品厂考察,不但吃到了延安的老月饼,还品尝到了延安另一种月饼,当地人叫果馅,是用延安的枣泥为馅做成的一种饼。这种饼较大,有十多厘米宽,很好吃,特别是枣泥馅香甜细腻,饼酥面脆。当地人不但八月十五吃果馅,而且年轻人订婚,也要买果馅送人,到现在还保留着这个传统,所以果馅在延安的销量很大。

与别地的月饼不同,陕北的月饼不只每年的八月十五吃,一年四季都有卖的。在西安还有很多陕北人在街头路边支一个炉灶,就地做陕北月饼,现做现卖。买的人还真不少。买回去不仅当点心吃,还当早点吃。上班前喝一碗稀粥或者一杯牛奶,再来一个陕北月饼也是一顿很好的早餐。

在陕北,我还听说榆林延安的许多县都有很独特的糕点、月饼。如清涧的枣泥芝麻饼、黄龙的壮馍、神木的软米火烧、榆林的双合饼等。这些饼有两个显著特点,而且都带有浓厚的陕北地方特色:一是馅料大都是红枣做成的枣泥,二是面粉不只用麦面,还有荞面、黄米、小米等杂粮面,这些过去并不被看好的杂粮烘焙食品,现在都很受市场欢迎。

子州果馅

陕北烘焙食品丰富,不论延安还是榆林,都有许多很有特色的糕饼。这些食品既有传统的、历史的,也有现代创新的。子州果馅便是一款传统的食品。

子州果馅相传始于明代。其主要用途有二:一是馈赠佳品,礼节食品;二是定情之物。当地青年男女订婚时,男方送女方的定情物中一定要有果馅,而且是双数。过去最少送 8 个,一般送 16 个,现在送到 64 个甚至更多。女方将收到的果馅分别送给直系亲属,以示自己订婚,寓意前途红亮、吉祥如意、白头偕老。

子州果馅馅料以红枣为主。此品色泽金黄,皮薄层叠,枣泥甜美,香味扑鼻,老少咸宜。目前延安地方各县都有做的。延安东太食品公司的果馅在延安已有很高知名度。如今延安许多食品厂都做果馅,销量也很大,已销往西安、太原、北京等地。

黄桂柿子饼

陕西有柿子,以临潼火晶柿子最有名。秦人聪明,会吃,而且总能吃出点花样来,发明了柿子饼已够好吃了,再加点黄桂,味道更绝,外地人肯定做不出来。所以黄桂柿子饼就成了陕西特产。要说这柿子饼是谁发明的,还与李自成有关。

公元 1643 年,李自成在西安建立政权,要带大军攻打北京。临潼的农民就把火晶柿子的皮去掉,与面和在一起,烙成饼,送给李自成的军队当干粮吃。士兵们吃了都说好吃,软软的,甜甜的。后来李自成虽然失败了,但柿子饼却留下来了。后又经过多方改进,加进黄桂等原料,便成了今日之黄桂柿子饼,长盛不衰,临潼有卖的,西安也有卖的,并且远销全国各地。到西安的游客都对黄桂柿子饼赞不绝口,排长队购买,自己吃也带回去给家人品尝。黄桂柿子饼被称为陕西名贵小吃,名副其实,绝对好吃。

西安不但有柿子饼,还有柿子面锅盔。此锅盔不像普通锅盔,吃起来绵软香甜,柿子味很浓。

龙凤糕点

西安曾有吉祥食品厂,以生产各类糕点闻名。老一辈西安人可能都记得这个厂。他们生产的糕点很多,但其中的龙凤糕点最为有名。

这种龙凤糕点也称龙凤宴点,其实是一种浆皮类的饼,不过比较大。重约1.5千克,饼的直径约33.3厘米(将近1尺)。饼的表面雕刻有龙、凤图案,花纹清晰,线条粗犷;饼上还雕有四个寿桃,桃心分别有吉祥如意四个字,呈现出一幅精美的龙凤呈祥的画面,令人赏心悦目、心情畅亮。当时此饼作为一种节日吉祥食品,中秋和春节买的人很多,供不应求。此饼不但可作为节日礼品送人,也可当家宴看菜、家宴细点,在宴会后品尝。

陕西近代历史上有许多知名糕点厂、点心铺,如天香村、吉祥食品厂、自强食品厂、白天鹅食品厂、西安食品厂、临潼食品厂等,也都有很好的产品,如果能把这些糕点挖掘整理出来,也是很有意义的。

水晶菊花酥

水晶菊花酥是原西安西秦饭庄一位厨师创制的一款点心,以馅似水晶、酥润绵软、气味芬芳、馨香可口、酽甜沁人、壮如绽开的菊花而成为宴会上的美景。陕西的雕酥食品有十几种之多,如凤尾酥、绣球酥等。

其实这种样式的甜点早在唐代就有,是唐时宫廷名点,叫玉露团,是雕酥的一种,是一种以白糖、油脂做馅的点心,注重外表的装饰与雕刻,好看也好吃,故有玉露之名。

此点先在宫廷,后传入坊间、市肆,多有仿制,一直流传于改革开放前。现如开发,为时不晚。

镇川干烙

镇川曾是榆林的一个县,后改为榆林县,为今榆林市榆阳区。镇川有一种风味食品,叫镇川干烙,其实就是一种饼。

与别的饼不同,此饼制作方法特殊,要用一种三扇鏊烙制,当然现在也用烤箱烤。

相传此饼源于清光绪年间,还有一个故事。

一年天大旱,颗粒无收,灾民遍野,饥饿难忍。此时干烙成了奇货。用三个干烙就能换一垧土地。当时一垧地相当于现在的二亩半地(约1667平方米),可见其身价之高。

镇川干烙色泽金黄,干香酥脆,营养丰富,久存不坏,且便于携带。因此镇川干烙当时已远销到山西、内蒙古、宁夏等地,很受欢迎。1979年镇川干烙曾参加陕西省风味食品大展,广受好评,并获大奖。

锅盔姓周还是唐

　　锅盔是陕西饮食一绝,在关中尤其是西府十分流行,几乎家家都烙,人人都爱吃。但关于锅盔的来历,却有许多说法:有周说,有秦说,有唐说。关于锅盔与秦始皇有关的说法不大流行。但周说与唐说却十分流行,我们有必要在这里做个简单介绍。

　　所谓周说,即周时就有,且与周文王有关,所以锅盔也叫文王锅盔。相传周文王访贤钓鱼台,拜姜子牙筹谋兴国伐纣。后姜太公进宫献锅盔,文王食后大悦,并令御厨仿制送给大臣们品尝,后将此饼称为文王锅盔,流传至今。

　　关于唐说比较普遍,即修乾陵时因人多吃饭困难,民工把面放头盔中烧烤,所以称锅盔。

　　锅盔在西府烙得都很大,但锅盔之王却不在乾县,而在扶风。1992 年10 月,宝鸡举办中国西部食文化展,宝鸡天外天大酒楼的厨师们用 25 千克面粉,耗时 12 小时,烙了一个直径 1 米、厚约 6 厘米的大锅盔,轰动全场,被称为"锅盔王"。此纪录至今无人打破。

你不知道的陕西糕点

近日偶翻一些陕西烹饪类书籍,发现不少西安和各县的烘烤类、糕点类食品。这些糕点大多是中华人民共和国成立前后一些餐饮名店、食品店创新发明的,虽没有故事,但对烘焙企业、秦饼企业来说,很值得参考。现录如下:

西安糖栲栳、西安糖酥烧饼、缸炉烧饼、干炉馍、腰子酥、西安烤玲珑、西安奶油千层酥、西安小桃酥、椒盐烧饼、三原玫瑰饼、西安玫瑰饼、韩城芝麻烧饼、兴平云云馍、宝鸡空膛酥、汉中鸳鸯酥、汉中糖薄脆、汉中盐薄脆、草鞋馍、鸡腿馍、马马馍、清涧枣泥芝麻饼、黄龙灶馍、西安油酥饼、合页饼、陇县糖酥馍、渭南牛舌头烧饼、合阳油酥角、汉中火烧馍、商州芝麻馍、吴起炉馍馍、神木软米火烧、榆林双合饼、开口笑、西安蛋丝饼、西安蜜食果、蛋巧、西安豆沙百合饼、西安银耳蜜点、百合酥、三原炸蛋饼、东府三翻饼、陇县马蹄酥、糖麻元、汉中黄糕馍、佳县蜜碗等等。这些食品大多以烙和烘烤而成,稍加改良就是一款很好的烘焙食品和糕点。

近几年,我去北京、苏州、杭州、上海等地,都要看一看当地的饼店和烘焙食品,发现不论是苏州的稻香村,还是北京的稻香村,或是上海的糕饼店,品种都很丰富,产品五花八门,形状千姿百态。但我们的秦饼店相对来说,品种较少,产品单薄,很难支撑一个专卖店,所以也很少有人开秦饼专卖店和连锁店。我想陕西历史上那么多饼,现代又有以上所列那么多糕饼,我们应该把这些陆续发掘出来、生产出来,这样秦饼就会像南北稻香村那样,品种丰富,产品多样,也一定会受消费者欢迎。

宝鸡茶酥

宝鸡茶酥不是用茶做的酥，而是喝茶时吃的一种饼。这种饼也可以叫点心，在宝鸡地区很流行，也称宝鸡茶酥。

西府多名饼，也多名点。清朝咸丰年间宝鸡茶点出现，后经不断传承，到 20 世纪 50 年代中期，有一厨师在渭滨三好合作食堂将宝鸡茶酥传承下来，又收徒代代相传直到今天。

宝鸡茶酥要用三扇鏊烤制而成，其品色泽金黄，外酥内软，十分好吃，当地人十分喜欢这一食品。

宝鸡茶酥不像一般点心，个稍大，呈椭圆形，吃时宝鸡人还在饼中夹韭黄炒鸡蛋或香椿炒鸡蛋，其味更佳。吃着宝鸡茶酥，喝着香茗，真是一种享受。

美原酥饺

富平有太后饼,名气很大;还有一款食品,叫美原酥饺,也很有名。和太后饼一样,美原酥饺也是传统食品,不过时间上晚一些,是唐时的食品。而太后饼则较早,是汉文帝时的食品。

美原酥饺形似鸡心,又似花蕾,早时称"双过道",又称"装口饺子"。

相传唐玄宗开元年间(713—741)有此品。后明神宗万历十五年(1587),陕西大旱,吏部尚书孙丕扬谏言宽赋节用,以救民命。万历帝纳谏抚民,孙氏代灾民感谢皇恩,以本地琼锅糖、合尔饼(柿饼)、美原酥饺上贡。此后美原酥饺一直作为贡品直到明清。

美原酥饺工艺考究,包装精美,早年用木匣装置,以示高贵。当年已销往四川、甘肃等省,据说此品现还有做的。

状元祭塔

在中国的食品中,以戏剧为素材的不多。陕西华阴有一食品是以《白蛇传》中的"愿天下有情人终成眷属"的心愿,以白素贞和许仙的爱情故事为背景制作的一款食品——状元祭塔,早年在华阴一带有很高的知名度,妇孺皆知。20世纪80年代日本友人曾专门去华阴考察,品尝此食品,并给予了很高的评价。

此品工艺繁杂,是一道菜,也可是点心。其馅料有核桃仁、青红丝、冰糖、桂花、橘饼、白糖、蜂蜜等,可油炸,也可烘烤。即把几十个饺子型的小食品垒成一个塔形,然后供人们品尝。此品观赏性极强,又美味可口,现制作的人已很少,几近失传,当时也是一些饭店做,家庭做的不多。

石子馍

石子馍，在石头上烙的馍，这一唐代就有的美食至今在陕西城乡的大街随处可见，人们争相购买，也用来送人，因为它很好吃。

"石子馍"古称"石鏊饼"，在唐时曾作为贡品进奉皇上。但这一美食的出现也许在唐以前就有，甚至更早。因为石子馍显然是石烹的产物，所以被人们称为原始食品的"活化石"。

中国的烹饪经历了火烹、石烹、陶烹、铜烹等若干个阶段，石子馍显然带有石烹的遗风，即在烧热了的石头上烹饪，制食。现在的石子馍依然是先将石子烧热，然后再用烧热的石子烤饼，与过去的石烹完全一致。在陕西，有许多食品、菜品都是历史遗留下来的，但大多都有所改进，制法与过去大有不同，唯独石子馍是个例外。

石子馍制作简单，但特色浓郁、文化深厚，其酥脆可口、携带方便，且不易变质，能长期存放，有很高的市场开发价值。

在礼泉，有一种烙面，被称为中国最早的方便面，可干吃，也可用水或汤泡着吃。石子馍要比礼泉烙面更好吃，也更好携带。

石子馍陕西独有，做法独特，是正宗的陕西特产。其实石子馍做起来并不难，把普通的小石子（光滑一点就行）放锅中加热，后取出一部分，把面和好后擀薄，做成圆饼状，放在石头上，面上面再压一些烧热的石头，盖上锅盖，二十几分钟就熟了，外地人照样可以做。

陕西面花

——民间食文化一绝

腊月二十八,家家把面发;腊月二十九,户户蒸馒头。陕西人,特别是关中人,过年都要蒸馍,这馍中就包含面花。面花蒸好后,不但自己吃,也送礼。所以在长安、蓝田、礼泉、兴平一带也把面花称为礼馍。在蓝田,腊月蒸馍一定要蒸一种叫"枣花"的馍。所谓"枣花",有两层意思:一是蒸的馍上有大枣;二是这种面花还有一种功能,就是回礼。亲戚过年拜年,带来各种礼物,客人回去时也不能让其礼篮空着,要回赠一种礼物,这种礼物就是"枣花"馍。

陕西面花历史悠久

面花,又称花馍、礼馍,在陕西有悠久的历史,特别是在关中咸阳、渭南一带,过去农村家家户户都做花馍、面花。陕西主要产小麦。陕西人的饮食多以面食为主,面食又分为两大类:一是面条,二是馒头、饼之类。陕西面条种类多,各种馒头、饼类品种更为丰富。面花是馒头的一种升华,是面食文化的集中体现。面花最早用于祭祀,以后演变到生活的方方面面,如生日祝寿、民间送礼、婚丧嫁娶等都要做面花,尤其是民间送礼。陕西农村至今仍保留着送礼送花馍的习惯,而且根据一年的不同季节、不同节气、不同节日、不同对象,送不同的花馍。花馍大致分两类:一类是烙的饼,一类是蒸的花馍,尤以蒸的较多。蒸的花馍又叫花糕。农村的花馍有几十种,甚至上百种之多,全省各地,一个地区,甚至一个乡、一个村、一家一户蒸的花馍形状都不一样。

花馍的历史早在西周就有,陕西的锅盔是花馍的一种,也称文王盉锅。到汉唐时花馍发展到高峰,并且上了宴席。陕西的面点作品实际上是陕西花馍艺术的升华。

陕西面花植根民间

面花艺术不像别的艺术,它完全是从民间而来,植根于民间,又在民间传播。陕西面花有两大特色:一是它的普遍性,二是它的多样性。

所谓普遍性又包括两层意思:一是三秦大地,八百里秦川,陕南陕北,各县、各区、各村都有;二是几乎家家户户都做,甚至农村的每一个妇女都做,但是陕西的面花又以关中为主。渭南的华州区和合阳均被称为面花之乡。特别是三原、合阳等地的面花更为丰富多彩。

二是面花的多样性。面花最初的本意是礼祭用,所以最早面花多以牛、羊、猪、鸡等动物造型为主,后又发展成各种人物、植物造型。根据不同的节气、不同的礼俗、不同的用途,面花会被做成任何一种造型,有的还形成系列艺术。比如被称为面花之乡的渭南华州区、合阳一带,面花往往被做成虎头、鱼尾、龙身为一体。陕北府谷一带,面花往往被做成长脖面人。蓝田、长安一带多以花糕为主,而且很大、很高,主糕有三四层高,最高的达到一米多,要用一二十千克面粉做成。面花不论是做成飞禽走兽、鱼鸟花虫,还是牛羊鸡猪、人物造型,大多有一定的寓意和寄托,有一定的思想和文化内涵,更多的是寄托人们对美好生活的一种企盼和寄托,而吉祥、平安、喜庆、祝福、和顺则是永恒的主题。

总之,面花不仅内涵丰富,而且造型千姿百态,是陕西民间文化、民俗文化,特别是饮食文化的最直接的表示。有人也把陕西的面花艺术称为民间艺术的活化石。陕西面花艺术在全国有很大的影响力,几次进京展览,都引起巨大轰动,外国人对陕西的面花艺术也十分敬佩、青睐,在一些面花艺术节上,就有不少外国人前往观看拍照,赞叹不已。

面花艺术面临失传

应该说,面花艺术和其他许多民间艺术一样,面临着一种十分窘迫和尴尬的局面。面花艺术在改革开放前虽然十分普及、普遍,但是改革开放以后,特别是近几年做的人越来越少了,会做的人、做得好的人越来越少了。一方面,农村人送礼已不再单纯送花馍,婚丧嫁娶也不会蒸花馍,而用其他主食代替。人们生活水平的不断提高,花馍的使用越来越少,这也许是一种必然的现象。另一方面,现在的年轻人,特别是女青年,大多对花馍不感兴趣,不做花馍,也不会做花馍,所以花馍手艺面临失传。同时,从花馍的功能上看,从过去的吃变为今天的看,这也必然带来花馍艺术的萎缩。面花不像其他食物,很难保存,时间稍长就会干化、硬化,艺术也随之消失。另外,花馍过去只是一种艺术品,而不是商品,或者说没有被商业化,所以花馍在今天的生存成了一个问题。花馍作为一种民间艺术,特别是作为一种非物质文化遗产需要加以保护,需要拯救。但更重要的是要改变目前花馍手艺的生存条件和功能,更要拓展它的发展空间。花馍作为一种艺术,同时它又应该或者可以成为一种文化产品,成为一种商品,它才有生存和发展的可能。

目前,在这方面已有一些人开始探索,比如在乾县、礼泉,一些企业已开始把锅盔当成一种产品,工业化生产,市场化销售。在一些花馍艺术节上,我也看到外地和陕西的企业家,将花馍用真空包装,延长它的保质期,也不失为一个好办法。记得在大唐芙蓉园,一位年轻人将花馍面人艺术当成一种旅游产品,做得很精巧,既能看、能玩,也能吃,我认为也很有推广价值。陕西是一个旅游大省,把面花艺术、面花产品当成一种旅游产品、特色产品,在各大景区销售,也不失为一种思路。

当然,任何一种艺术、产品都有一定的生存环境和条件。面花艺术由于社会的发展,人们生活条件的不断改善,特别是由于社会环境的改变,它的许多功能已不复存在,比如送礼,如果农村还用花馍送礼,会被人看不起,认为档次低,所以不排除有被淡化、遗忘,甚至消失的可能。但是,尽可能地保护它,鼓励一些民间艺人保留它的艺术,或者探索一些新的生存可能,我们还是能够做到的。比如办面花艺术节,每年办一次,一年让人看一次、吃一次,也还是有必要的。去年咸阳办花馍艺术节在陕西引起强烈反响,人们争相观看,新闻媒体大量报道,说明这种艺术在人们心中还有一定位置。

"保护为主,抢救第一,合理利用,传承发展",这是中国非物质文化遗产的保护方针,同时也是面花艺术发展的方向。其中,合理利用是非常重要的。不能一味地强调它的产业化、商品性,因为在市场经济条件下,市场决定一切,生产往往受到供求关系的影响。所以把面花做大做强不大可能,而合理利用则是生存的主要条件。

素蒸音声部与陕西面文化

中国人习惯把许多人围坐在一起吃的比较丰盛的饮食称为宴席,也叫筵席。其实筵与席是两个概念。筵席的概念早在周朝就有,不过那时的筵与席都与吃无关。筵与席最早都是指一种用芦苇和草编成的一种编织物。筵大而粗糙,席小而细密。后来人们吃饭时把筵铺在地下,把饭菜放在筵上,人们坐在比较小的席上吃饭,就像现在人们用的坐垫一样。这样古人便把这种吃饭的形式称为筵席,筵席便从此诞生。

筵席在今天也有分而称之的,比如什么筵、什么席。中国最大最有影响的席是满汉全席,有108道菜点,要吃3天才能吃完。满汉全席诞生于清朝,是近代的事情,所以大家都知道。改革开放以来,一些饭店恢复了满汉全席的部分菜品上市供应,在市场上有一定的影响。日本许多人组团到中国专门吃满汉全席。

中国最大的宴是唐时的"烧尾宴",它是唐时京城长安盛行的高级名宴。《新唐书》《旧唐书》《辨物小志》等文献对"烧尾宴"都有记载。唐代士人登第或升了官,朋友或同僚前来祝贺,主人要备丰盛的酒席设宴款待,此种筵名为"烧尾宴"。唐代"烧尾宴"所备菜点十分丰富、昂贵、稀有。菜点数量不一,最丰富的达200多种。据唐中宗时韦巨源拜尚书令时所设"烧尾宴",菜点就有58种。

"烧尾宴"中不但有高级菜肴、稀有汤羹,如玉皇王母饭、凤凰胎、乳酿鱼、长生粥、卵羹等,还有十余道高级面点,如贵妃红、见风消、八方寒食饼等。其中最讲究、最高级、也最复杂的一款面点叫素蒸音声部:面蒸像蓬莱仙人凡七十事。

所谓素蒸音声部:面蒸像蓬莱仙人凡七十事,就是用面粉蒸70个像蓬莱仙女般的面人,而这70个面人的服饰、姿态、面部表情都不相同。这70个面人中有弹琵琶的、有鼓琴瑟的、有吹笙箫的、有翩翩起舞的,组合起来是一个由70人组成的盛大的歌舞演艺场面,故名素蒸音声部。不仅如此,据史书记载,这70个面人中还有带素馅的。这70个栩栩如生的面人上齐后,客人们先欣赏,然后再一个一个分而食之。

从"烧尾宴"中我们可以看到在古代陕西的面食文化就十分发达,是中国面食文化的最高峰。

八百里秦川物产丰厚。陕西属大陆性气候,物产以小麦为主,所以陕西人的饮食多为面食,而面食又分为面条和面点。陕西的面条多达几百种,不说陕南、陕北,仅关中各县的面条就有四百多种,而关中的面条又以西府的面条为最多。有的村里、坊间就流传着数十种甚至上百种面条。岐山臊子面已有3000多年的历史,至今依然盛行不衰,并且形成有名的面条民俗文化一条街,每天吸引着成千上万人去品尝。

陕西的面点更为发达。面点文化又集中表现在饼文化、馍文化上。相传女娲补天时就有了饼,被称为补天饼。陕西的临潼、蓝田一带至今民间还有补天饼。到了唐时,石子馍、各种各样的饼就更加丰富。我长期研究中国的烘焙文化。在我研究的资料中,唐朝有一定名气的饼、点心就有几十种。前面提到的韦巨源"烧尾宴"中,除了素蒸音声部外,其他面点还有十余种,如贵妃红、金铃炙、八方寒食饼、双拌方破饼等。其中当时最有名的当数"红绫饼"和"胡麻饼"。"红绫饼"在唐时被称为"红菱饼餤"。

如今在陕西的民间,饼文化、馍文化依然十分发达。陕西包括陕南、陕北的各种饼、馍、馒头、包子的品种也是多达数百种。仅八月十五吃的月饼,陕北的各个县都有不同的做法。我前不久去陕北的延安及榆林的靖边、定边等地考察,发现陕北各地的土月饼就有20多种。而关中是面食文化的发源地,各种饼就更多,饼文化已成为陕西饮食文化的一大亮点。

秦中自古帝王州,由于政治、经济、文化上的各种有利条件,使陕西的面食文化能博采众长,吸收全国各地小吃的精华,兼收各民族小吃的风味,挖掘继承历代宫廷小吃的技艺。陕西小吃不但历史悠久、文化博大精深,而且品种繁多、风味各异、古色古香,并以宫廷风味见长。比如富平及大荔一带流传的太后饼,就是由西汉宫廷传入民间而延续至今的。

秦饼市场

谁来开发重阳节食品

"过了中秋过重阳,家家户户蒸糕忙。""中秋刚过了,又为重阳忙,巧巧花花糕,只为女想娘。"这些民谣谚语都是在说重阳节。

古历九月九日为重阳节,重阳节又叫登高节、晒秋节、重九节、踏秋节等。

古人以为,九月九日是一个吉祥的日子、值得庆贺的日子。这天人们要外出赏秋、赏菊、踏秋、爬山、饮菊花酒等。唐宋诗人也写过不少有关重阳节的诗,最有名的当数王维的《九月九日忆山东兄弟》:"独在异乡为异客,每逢佳节倍思亲。遥知兄弟登高处,遍插茱萸少一人。"李白也写过描写重阳节的诗:"今日云景好,水绿秋山明。携壶酌流霞,搴菊泛寒荣。"

重阳节早在古代就已形成,唐宋时对重阳节十分重视。1989 年,国家又把九月九日定为老人节,赋予了重阳节新的内涵。

重阳节有吃糕饼的习俗,旧称重阳糕。我国古代以农立国,到了重阳节,秋收完毕,收获米粮,欢庆丰收,家家户户以米做糕,以面做饼,自己吃,也送人,小辈送晚辈,女儿送娘家。这就形成了九九做重阳糕、吃重阳糕、送重阳糕之习俗,延续至今。重阳糕的做法不大相同,一般来讲南为糕,北为饼。北方也有用面做糕的,不过糕为蒸制的。陕西关中一带在重阳节前后兴送忙罢礼,即秋收完了,打了新麦,用新面蒸糕送老人。南方人则要送两大九小十一个糕。重阳节也有吃糍粑、吃柿子的习俗。

我以为,重阳节的重阳糕完全可以开发成一种节日食品,像端午的粽子、中秋的月饼。现在又把重阳节改为老人节,开发九九重阳糕、重阳饼,让儿女送父母、晚辈送长辈,使它成为一种孝糕、孝饼,这样能形成一种良好的尊老孝长的风气,也形成一个节日食品、一个节日习俗、一个新的食品市场是完全可能的、十分现实的,当然也要有一定的舆论铺垫、广告宣传、政府推动,形成共识,这在信息发达的今天是不难做到的。

　　记得御品轩的杨伟鹏总经理曾经给我说过台湾凤梨酥的产生过程。当年台湾旅游市场兴起后,缺乏一款能叫得响的旅游食品。在这种情况下台湾当局召集一些旅游和食品文化专家进行讨论,想研发出一款具有台湾特色的旅游食品。经过研讨最后决定在台湾的特产凤梨上下功夫。凤梨就是菠萝,于是便有了凤梨酥。台湾当局命令各食品厂统一做凤梨酥,政府投资做宣传,开拓市场,凤梨酥终于做起来了,成了台湾一款有名的旅游食品,凡去台湾旅游的人几乎都要购买带回家中,一款小小的凤梨酥形成了一个巨大的食品产业。云南的鲜花饼也是如此。如果我们在重阳节前统一生产重阳糕,也许会像台湾的凤梨酥那样形成一个巨大的食品产业,起码是一个节日食品。

陕西烘焙业的礼泉现象

近几年来,陕西礼泉县有一个产品誉满三秦,那就是"软香酥"。所谓软香酥,实际上是一种新秦式糕点。软香酥在礼泉已做了二十多年。

由于红星软香酥的成功,从而引发了陕西烘焙业的礼泉现象。在礼泉县城出现了大大小小十几家烘焙企业,而且做得都比较成功。除了红星食品企业集团,有一定规模的公司还有两家,即心特软食品有限责任公司和子祺食品集团有限公司,每年的产值也都很高。产值在 50 万至 500 万元的企业,有十多家。按照礼泉县政府一些人的说法,礼泉当今最有名的不是苹果,而是以"软香酥"为代表的各类糕点和饼业了。

这位政府人员说得不错,如今在礼泉县,烘焙业已成为第一大产业,或者说成为礼泉的第二张名片。

2007 年上半年,陕西省烘焙协会的几位同志去礼泉,详细参观和考察了红星软香酥、心特软公司、子祺公司等三家公司,可以说受到了一种强烈的震撼。一是为礼泉县烘焙业如此发达而震撼,二是为这三家企业规模之大设备之先进而震惊,三是为他们先进的营销理念所折服。我告诉随行的陕西省烘焙协会常务副会长张鉴先生,礼泉完全有资格申报中国的烘焙之乡。张鉴先生则认为,陕西的烘焙业有点农村包围城市的味道。

说起陕西的烘焙业,其在全国都不落后。在西安有像米旗、安旗、御品轩这样一些在全国都有名的大型烘焙企业;而在东府、西府能有那么大规模的烘焙企业,设备那么先进,产值那么高,销售那么好,确实令人称奇。目前,红星软香酥、心特软、子祺的产品及其馅料已销售到全国二十多个省市,发展势头良好,市场还在进一步扩大,这三家公司的产品都进入了西安的许多大超市。

礼泉烘焙业之所以如此发达,也有以下几个因素。

客观上,礼泉县曾有十年苹果生产红火,带动了相关产业的发展,比如包装业、运输业、餐饮业。据说在礼泉县苹果生产好时,整个县城外来人口达一万多人。这一万多人到礼泉要吃、要喝。子祺公司的董事长卢崇昭告诉我,他初期是卖馒头的,一天要卖5吨面粉的馒头,而且供不应求。因为外地人到礼泉买苹果要吃饭,吃馒头,而礼泉人自己由于忙着卖苹果,也无暇自己做饭、蒸馒头,所以餐饮和馒头生意十分好做。软香酥和其他糕点实际上是馒头的升级换代品,因为人们一日三餐总不能只吃馒头,所以有了系列烘焙产品,吃起来更方便、更可口,所以很快就火了起来,而且这些产品还可以当礼品送,八月十五当月饼,春节和其他节日当点心送人,这样家家户户几乎都买都吃,兴起了一股烘焙产品热,也兴起了一个产业。看到烘焙产业具有如此巨大的市场潜力和消费群体,许多有头脑的企业家也开始进入烘焙业。

从主观上讲,礼泉的这些烘焙企业虽然身处县城、农村,但管理和经营理念先进,很超前。

首先他们不满足于只把产品卖给当地人,而是要做大做强产业。目前,红星、心特软、子祺三大公司的设备都很先进,生产几乎全是自动化。规模大了,产量高了,就要做大市场、大营销,所以这几家企业在产品宣传上、企业形象宣传上也投入了大量资金。竞争也是礼泉烘焙业发展较快的一个因素。要竞争,就要树立企业形象、做品牌,就要比设备、比产品质量,并且要有差异化的产品和营销思路,于是八仙过海,各显其能,而且大打人才牌,争抢人才。

其次是政府大力支持。近几年,陕西省政府、咸阳市政府、礼泉县政府都对礼泉县的烘焙业发展提供了强有力的政策支持,特别是礼泉县政府把烘焙业作为全县一个主导产业来抓,大力支持,对烘焙产业的形成起了很大的作用。陕西烘焙协会对礼泉县的烘焙业发展也十分关注,给予了大力支持。

陕西烘焙业的礼泉现象,也引起了全省的关注,产生了连锁效应。目前在陕西东部的渭南地区也出现了几家有一定规模的烘焙企业,如大荔的秦盛和红汇。这种西有礼泉、东有大荔的陕西县域烘焙业现象,已成为陕西食品业的一大亮点,并且在全国也形成了一定影响。最近几年在北京和上海召开的烘焙业展览会上,陕西省的烘焙产品都大出风头,让全国的烘焙产业刮目相看。中国烘焙协会也对陕西烘焙产业的发展给予了高度评价。

礼泉烘焙业的快速发展也使陕西省政府对烘焙业有了新的认识。2007年省政府专门委托陕西省烘焙协会对全省的烘焙业做了一次全面调查。省烘焙协会在给省政府的报告中,提出了因势利导、做大做强陕西烘焙业和振兴秦饼的两个报告。最近省政府有关人士指出,陕菜和秦饼在中国的历史上都有很大的影响,振兴陕菜和秦饼在陕西餐饮和食品发展中有着举足轻重的意义。

软香酥挑战西安水晶饼

　　水晶饼是西安著名的传统糕点,已有几百年历史,以西安"德懋恭水晶饼"最为有名。现在,西安各大食品厂几乎都在做水晶饼,就连西安的一些西点烘焙企业也都生产水晶饼。所以水晶饼在西安销路一直很好。

　　但是,细心的西安市民也许会发现,从2001年以来,西安市内一些街道上出现了礼泉红星软香酥的广告,还聘请西安某著名主持人做其产品形象代言人。据了解,这是红星食品公司生产的一种新型秦式糕点。这种糕点在咸阳、宝鸡一带卖得很火,每年春节、八月十五,几乎家家都买,自己吃,也送人,所以产品每到春节和八月十五都供不应求。正因为这种产品市场需求量很大,这家公司的规模也越来越大,他们开始在礼泉卖,后来在咸阳卖、在宝鸡卖,从2001年又进入西安市场,来势凶猛。目前在西安许多食品店、超市都能看到他们的产品。礼泉软香酥也日益被西安人所认可,西安的一些食品厂也开始生产软香酥。

　　软香酥作为一种新型秦式糕点,一上市就表现出强大的生命力,而且直逼西安的水晶饼,抢夺西安水晶饼市场。

　　西安水晶饼是西安名点,知名度很高,可以称为"西安第一点""西安第一饼",其历史和品牌优势自不必说。但是软香酥作为一种新型糕点,一种创新产品,仅仅几年时间就把市场做起来,成为咸阳人过年过节的首选礼品,并且很快进入了西安市场,这个产品的出现本身就是需要研究的,其质量和口感确实可以和西安的水晶饼相媲美。"软""香""酥",可以说就是这种产品最重要的特点。

　　西安水晶饼虽是一种传统食品,但近几年市场并未萎缩,而且市场还在扩大,吃水晶饼的人越来越多。礼泉软香酥进军西安,为西安的糕点市场增加了新品种,当然也增加了竞争和挑战,同时也丰富了西安的糕点市场,二者相互竞争、共谋发展,对西安烘焙市场意义深远。

有关专家认为,陕西烘焙产品市场近几年创新不断,烘焙食品的市场潜力很大。尤其是随着人们生活质量的不断提高、饮食结构的不断改善,人们需要越来越多的各式各样的休闲食品,其中就包括多种多样的烘焙休闲食品。礼泉软香酥的兴起也会进一步带动陕西和西安烘焙市场的创新和发展。

茶点烘焙文化邂逅茶文化

前几天，我到一大型茶叶品牌店去买茶，无意中发现他们同时还有用茶做的点心在卖，他们称为茶食、茶点。我很好奇，茶叶还能做点心？一尝用茶做的点心，入口富有茶香，味道甜美，我买了一盒带回家中，家人都说好吃。

店里的服务员介绍说，茶点古已有之，起码在唐时就有。现今所说的茶点，有两个意思：一是古人过去喝茶时必佐以点心，茶与点心是一对分不开的密友，所以叫茶点；二是用茶做的点心。我所阐述的是后者。

用茶做点心，方法有三：一是用各种茶叶做馅料，红茶、绿茶、青茶都可以。可以完全用茶做馅料，也可以同其他馅料混用。二是把茶叶粉碎后和面混合在一起，用茶叶面做皮。这种茶点的皮不同于其他点心的白色，有绿色和红色的，看起来引人食欲。最常用的方法是用很浓的茶水和面做点心，这种茶点只有茶味，不见茶形，可以有多种味道：红茶点、绿茶点、青茶点等。也可以用几种茶水混合做点心，其味亦佳。

用茶做的点心不但口感好，也富含营养。茶叶的药理保健作用是十分明显的。茶叶富含茶多酚、氨基酸，能帮助人体保持活力，所以坚持喝茶的人大多身体健康且长寿。所以世界上把茶叶列为第一保健食品。

茶点好吃，但市面上卖的不多。据了解，茶点因成本较高，价位也比较高，只在少量消费群中有销售。我想，一些烘焙企业如能把茶点当作一个新产品研制，大量生产，工厂化、规模化，也许成本就能降下来，甚至可以成为大众食品。做烘焙的企业可以尝试做茶点，做茶的企业也可以尝试，作为丰富、拓宽茶叶销售范围的亮点。如果做茶叶的企业也尝试做茶点，做茶点的人多了,有了竞争,价位也就能降下来了。中国茶文化博大精深,茶产品丰富多彩,茶文化与烘焙文化、糕点文化如能有效、科学地结合起来,也许能衍生出更富有吸引力的产品来,其市场潜力应是很大的。

谁来做大清明食品的"蛋糕"

中国人的习惯是,宁穷一年,不穷一节,即节日都要大吃一顿、美餐一顿。节日都有代表性的特定食品,如春节的饺子、正月十五的元宵、端午节的粽子、中秋节的月饼等等,而且在全国东西南北基本都一样。但唯独清明节,人们对吃不大在意,也没有统一的代表性的食品。

从这个意义说,清明食品开发潜力很大。

古代,清明节的含义是很广的,清明节人们的活动很丰富,除了祭祀,还有踏青、郊游、放风筝等活动,而且要吃许多食品。古时清明节,人们要吃麦糕、环饼、冷粥。

清明节时,江浙、上海一带的人们现在还吃一种叫"青团"的食品。所谓青团,就是用新鲜的艾草或者雀麦草汁和着糯米粉捣制,配以豆沙馅,糯韧绵软,吃起来甜而不腻,是一款天然绿色的健康小吃。在福建,清明时家家户户则要煮"乌稔饭",它是将糯米用洗净煮熟的乌稔树叶水浸泡后蒸煮而成的,颜色乌黑却异香扑鼻,别有一番风味,与江浙的青团有异曲同工之妙。广东人清明节餐桌上大多吃芥菜。温州人清明有专门的清明饼。潮汕人清明则吃一种薄饼。

以上所说全是南方人清明的吃食,北方人清明吃的食品也很多,如新疆等地吃馓子;陕西人吃的"清明燕"实际上是一种面花;山西的晋南人清明要蒸大馍,中间夹核桃、红枣、豆子,称为"子福",有点像今天的带馅点心,但不是烤制的,而是蒸制的;晋北地区则是用玉米面饼包着黑豆芽馅食用;陕北的榆林和延安,清明节要蒸"子推馍",实际上也是清明燕,有纪念春秋时被晋文公烧死的介子推的寓意,蒸出来的馍和面花栩栩如生,犹如艺术珍品,既可以祭祀,也可以自己食用,或赠亲友。

但总体上看,清明节在吃上不太讲究,特别是北方人更是如此。河北、河南一带清明节几乎没有明显的食物,西北、东北也无代表性的食品,这与中国传统节日中,均有一种代表性的食品很不相符。

而如今国家又把"清明"作为法定假日,这就给开发"清明食品"提供了一个巨大的潜在市场。如果谁能开发出一种清明食品将有很大的市场。目前,上海和江浙已把青团作为清明食品,但是北方人不会做青团。古时有"麦糕""环饼",有兴趣的企业家、烘焙专家可以在这方面研究一下,开发出一些与清明节相适应的烘焙食品,既有很重要的文化意义,又有很大的市场潜力,何乐而不为呢?

稻香村与天香村

北京有个稻香村,始建于1895年,专业做南味糕点。

西安南院门有个天香村,专业做秦式糕点,但这个据说是前店后厂的天香村如今已不复存在了。

北京稻香村不但在,还有一百多家专卖店,年销售额仅糕点类就有十多个亿。

西安天香村已不存在了,也就没了销售额。

稻香村有一个产品叫"京八件"。西安历史上也有一个"秦八件"。稻香村的京八件几乎每个大大小小的食品店都有卖的。而西安的"秦八件"很多人不知为何物。

一个叫北京,一个叫"西京",差别怎么就那么大呢? 一个稻香村,一个天香村,一个京八件,一个秦八件,只差一个字,其结果是十个亿的差别;更令人难解的是一个是中国传统糕点的老大,一个则难寻踪影。

我们不怨天尤人,不胡思乱想。历史是复杂的,原因也许是多方面的。我们也不必指责自己。我们需要的是思索自己今后能做些什么。在中点复兴的今天,在秦饼振兴的今天,能否有人重新站起来,杠起"天香村"这面大旗,让天香村重见天日,让秦八件再度出山,这就是我一个年近七十、对秦饼长期关注、研究秦饼文化二十多年的一个老人的心愿。我希望在我有生之年能看到天香村,能吃到秦八件。最近浙江金华地区已有人把1905年的老店徐恒茂恢复起来了,希望我们陕西人也能把"天香村"等老店恢复起来。

秦饼名店

德懋恭

在西安甚至陕西,人们一想到秦式糕点,就会立刻想到水晶饼;一想到水晶饼,就会想到德懋恭。五十岁以下的人我不确定,五十岁以上的人肯定是这样的。德懋恭几乎成了水晶饼的代名词。

陕西人过年拜年走亲戚,讲究要拿四色礼。四色礼其他可以随便,但有一种少不了,那就是点心。点心在西安最好的就是水晶饼。而水晶饼当时最好的、最有名的当数德懋恭的水晶饼了。

德懋恭,陕西老字号企业,百年品牌,创于清同治十一年,即1872年,至今已有一百四十七年历史了。

对于水晶饼,西安人有着割舍不断的情怀,它就像陕西的羊肉泡馍,大多数人都喜欢吃它。说到陕西特产,水晶饼是一马当先,从宋至今,一千多年了,人们还喜欢它、爱它。特别是过春节,人们依然要买水晶饼,吃水晶饼。这在全国的传统糕点中,可能是绝无仅有的。现在做水晶饼的食品企业越来越多,也有很多新崛起的品牌,如志宽水晶饼。但德懋恭能做一百四十七年,真是值得点赞。作为陕西的非遗食品,德懋恭水晶饼、三原蓼花糖等应该是令人尊敬的。我们应像爱护眼睛一样,爱护、保护这些产品,使它永世相传,造福后代。

东、西大街上的食品店

钟楼是西安最炫目耀眼的中心,也是西安最气宇轩昂的标志。位于钟楼四周的那些店堂馆所和商铺,近水楼台先得月,都以名字前边能冠上钟楼这两个字的金字招牌而傲视一方。

钟楼食品店的前身是上海酱园。据《西安市志》记载:"钟楼食品商店,位于东大街482号,原名上海酱园,建于民国二十三年(1934年)。营业面积600平方米。"

我的老朋友,当年东大街美术家画廊(现陕西省美术馆)的廊长耿建告诉我:西北大学教授张孝评的父亲曾经是上海酱园的老板。

1965年时的钟楼食品店,门面四间多宽,以货品齐全、注重精品名牌而闻名西安,它不但自己加工食品,进货主要是上海货和西安本地生产的上海风味的食品,以上海冠生园、西安天生园为主,还有广州、北京、重庆、成都、无锡等地生产的名优烟酒、糕点、糖果、饮料等。

钟楼食品店有许多传统秦式糕点,我记得最特殊的就是白脱酥了。这白脱酥,堪称点心中的美味极品。我曾在20世纪80年代推荐白脱酥给一位"大款"美食家,什么山珍海味、奇珍异果没品尝过的这位,一进口就喊:"味绝了!绝了!"说自己枉称钟楼下的老西安,咋只知道西安德懋恭的水晶饼呢?!这白脱酥就产自上海冠生园,好像也叫什么纽西兰白脱酥。纽西兰就是新西兰,白脱实际上就是黄油、奶油。我怀疑钟楼小奶糕就是加了这种奶油,才口味独特、享誉西安的。

西安的西大街曾经辉煌了很多年。20世纪二三十年代,西大街和南院门尚属西安的商业中心,当年的民谣有:"南院门热闹繁华,西大街店铺百家,东大街乱倒炉渣,中正路(今解放路)狼能叼娃。"

说起西大街上西安市糖酒公司下属的食品店,我可以说是如数家珍,因为我 1965 年上中专时勤工俭学,就是到食品店美其名曰"劳动锻炼",在西大街两家食品店干过。东边迎春食品店、西边大丰食品店,还有从西到东的刘胡兰、卫星、德懋恭、永信一等食品店,我都多次去过,因为每家食品店都有我的同学在那勤工俭学,劳动锻炼。我细数了一遍,全西安数西大街食品店最多,加上小分店不下十余家。

德懋恭创建于清同治十一年(1872),位于南北广济街与西大街什字的东南角,是享誉全国的"中华老字号"。店名"德懋恭",取自《尚书·大禹谟》中的"予懋乃德"之句。"懋"通"贸",又通"茂",加个"恭"字以示谦恭待人,以德使贸易、买卖茂盛。最重要的是这个"懋"字,《尚书·舜典》有"惟时懋哉";东汉许慎《说文解字》有"懋者,勉也";东汉张衡《东京赋》有"咸懋力以耘耔";《后汉书·章帝纪》有"呜呼懋哉",注:"美也。"真正是寓意不凡。

德懋恭的特产是水晶饼。水晶饼皮酥馅足,油而不腻,入口绵软,馅中能吃到冰糖粒,还能吃出玫瑰的芳香和橘饼的清香,可以说是"秦式糕点"头牌,清末被皇家钦点为贡品,百十年长盛不衰,名气不减,至今仍是世界各地游客西安行的必选珍味。在我小时候逢春节给亲戚拜年,德懋恭水晶饼是必备的上佳礼品。

我一直记得第一次吃德懋恭的情景。那是 1965 年 10 月的一天,我在钟楼食品店劳动锻炼,因为工作出色,食品店经理为慰劳我们,带我们去参观德懋恭,专门请我们品尝刚出炉的名满三秦的德懋恭水晶饼。只记得那个香呀!香得人浑身打战。再就是烫,只能一小口一小口地唃咬,这时的斯文是被迫的。给新来的学生娃吃热点心,师傅说这是传统。说的是旧社会时进德懋恭的相公娃(学徒),就传有老板师傅让放开吃热点心的故事,因为一吃多就腻住了,以后永远都忌了口。啊!原来吃热点心是个陷阱呀!不过我一生中仅有一次的吃热点心经历,反而激发了我爱吃水晶饼的贪欲,至今如此。

西安自强食品厂

老西安人都知道西安有个自强食品厂,也吃过他们的糕点。

自强食品厂产品很多,既有秦式老糕点、老月饼,也有自己独有的产品,如豆沙百合酥、银耳蜜点等。这些糕点极富个性。如豆沙百合酥,起皮离酥,层次分明,馅心饱满,口感酥绵,豆沙香味突出,十分可口。

银耳蜜点是在产品配料中加进银耳,造型也以酷似银耳而得名。糕点中又加有蜂蜜、桂花、冰糖等原料,其品色泽淡黄,层次清晰,形象逼真,入口酥绵,蜜味厚重,黄桂香味浓郁,实属糕饼中之佳品。

自强食品厂、吉祥食品厂、西安食品厂、白天鹅食品厂、临潼食品厂等等,这些已消逝的食品厂,尽管不会再生,但它们曾经的产品、食品,却永远留在老西安人的舌尖,留在老西安人的心里。秦八件虽看不见了,但我想在不久的将来,有识之士会让秦八件重生,让临潼的贵妃饼重生。

心特软

1996 年，任贤齐的一首《心太软》火遍大江南北，大街小巷到处都在唱。刚从西安打工回到礼泉的解领权爱唱歌，也常把《心太软》挂在嘴边。这时他自己也想创办一个公司，想到注册，又不知叫啥名，于是想到"心太软"三个字，高高兴兴地去注册，结果被人抢注了。解领权脑袋活，心太软不行，心特软不是更软吗？结果注册成功了。这三个字很有意思，符合企业，也符合解领权。心特软是做烘焙食品的，比如面包、点心什么的，当然是越软越好，而解领权本人性善心软、乐于助人也与此相似。

名字注册了，一个公司也就诞生了。从做面包到做中式糕点，再到做秦式糕点，心特软一路走来，现在已成为咸阳、陕西乃至全国著名的烘焙企业，其产品已远销到全国各地。

心特软近十多年来，专心专业在秦饼的传承和创新上，他们做历史的秦饼，如水晶饼、桃酥等；更注重创新，研发出以大唐秦饼为代表的一大批新式秦式糕点，为秦饼的创新做出了自己的贡献。

心特软在做大做强以后，也开始探索其他行业，如养殖种植业、酒店业、环保产业、学生早餐等，并且取得了很大成功。心特软如今已成为一个以烘焙食品加工为主的大型集团化企业。

心特软的成功是一个故事，一个普通青年以不懈努力、顽强拼搏、一步一个脚印走向人生的成功。解领权的创业之路是艰辛的，又是多彩的，他也告诉我们，一个人只要坚定地走自己的路，就一定能成功。

秦饼有志宽

志宽食品先叫厂,后改为公司,所以许多人至今还把聂志宽叫聂厂长。

但不论是工厂还是公司,这里一直生产秦式糕点,也就是咱陕西的糕点,历史的和现代的。

志宽食品的秦式糕点很多,如水晶饼、桃酥、迎春糕、老式鸡蛋糕、鲜花饼等,但最有名的还是志宽水晶饼。志宽食品的经营理念就是志宽水晶饼,先做人后做饼。

水晶饼也是秦式糕点的总代表、领头羊。像西安饭庄的葫芦鸡一样,凡做陕菜的都做葫芦鸡,凡做秦饼的必做水晶饼。但同做水晶饼,志宽水晶饼的品牌知名度却是很高的。

志宽水晶饼是历史的,也是现代的。它有许多创新,不论是内在还是外形。比如外形,它不像原来那么高,而偏向圆,也小了些,还有迷你水晶饼。

志宽还有一些自己独有的秦饼,如迎春糕、志宽老式鸡蛋糕。迎春糕现在很少有人做,但志宽始终坚持着,还是老做法,老味道。志宽老式鸡蛋糕更是能体现老秦式糕点的风味,使人回忆起儿时的味道。特别是20世纪五六十年代的人,更喜欢那种味道。

志宽食品也还有许多创新的秦式糕点,如长安饼、志宽蛋酥、玫瑰鲜花饼等,也都很受欢迎。传统与现代相结合,志宽食品的路将会越走越长,越走越宽。

麦里含金麦里金

2016年10月19日,即将迎来成立20周年的陕西麦里金食品有限公司乔迁新址,没有鲜花,没有鞭炮,有的只是麦里金人20年如一日对"天然清新、麦里含金"的坚守;宽敞明亮的办公场所,浓郁的文化氛围和朝气蓬勃的管理团队,已然昭示着这个公司从此告别艰难的过去,迎接崭新的未来。

1987年创业的民营食品厂于1997年转型成立陕西麦里金食品公司,麦里金在二十多年的食品生产实践和创新中逐渐成长为陕西糕点烘焙市场的知名品牌。

公司始终践行"吾善制饼,吾真吾善"的经营宗旨,敬天法地,全凭良心,在生产中建立原料追溯机制,从食品原料的源头开始,严把质量关。坚持采用原产地提供的小麦,利用传统工艺自己磨面,面粉不添加任何食品添加剂;生产糕点所用的鸡蛋也是跟踪到户,掌握源头,确保食品安全卫生。

何达乘——陕西麦里金食品有限公司这艘航船的掌舵人,怀着对糕点事业的挚爱,用他的智慧和大爱,呕心沥血地经营着与他血脉相连的糕点事业,可以说他就是麦里金企业的"魂"。

"一个企业要持续发展,必须顺应社会秩序,承担社会责任,必须把中华传统文化作为企业的灵魂,作为企业管理的根本。"何达乘是这样说的,也是这样身体力行带领麦里金企业做的;他用"天然清新、麦里含金"的经营理念,引领"麦家人"积极进取、不断创新,将麦里金打造成了有良心、服务社会、有道德的企业。

走进麦里金公司,您会深深地被这里浓厚的传统文化氛围所感染,公司每处的陈列布局都与传统文化息息相关。公司楼道的诵读机每天播放着

《弟子规》等中华经典,耳熟能详,麦里金公司的老员工们对《弟子规》都能够熟练诵读;会议室的书架上陈列着大量传统文化书籍资料;各科室墙面上悬挂着让员工"一心向善"的爱意浓浓宣传牌,时刻提醒员工懂感恩、明是非、推己及人、互爱互助;会议室的墙上悬挂有孔子像、感恩词等,每次会议开始前,员工们都要拜孔子像,诵读感恩词。

文化是软实力,能助推企业良好发展。麦里金有良好的企业文化,在这样的企业文化的影响和带动下,麦里金人牢记"敬天爱人"法则,不忘初心,用心做食品,用爱暖人间。在生产过程中,在各道工序上,建章立制,科学管理,量化指标,责任到人,以"专业专注、诚信为本"的服务理念,20年稳步发展,陕西麦里金食品有限公司已成为行业翘楚,占领着西安地区百余家大型商超,并辐射到宝鸡、咸阳、渭南等市县级市场。

"唐食演义"点心铺小记

唐朝不但是诗的王国,也是吃的王国。唐朝的酒,唐朝的菜,唐朝的宴……这里我们只说唐朝的饼。

在这里我们不说白居易的胡麻饼,不说唐昭宗的红绫饼,也不说唐太宗赏给唐玄奘的千层饼。仅唐宰相韦巨源在家中招待唐中宗的"烧尾宴",五十八道菜中就有十多种糕饼,如八方寒食饼、乾坤夹饼、见风消、贵妃红等,因此我们完全可以把唐朝也称为饼的世界。

河南的杨勃军先生不远千里,来到陕西帮米旗公司搞了个唐食演义点心铺,经营秦饼,如水晶饼、桃酥等。但我相信,杨先生在这里的唐不是真正意义上的唐朝,而是泛指秦、陕,甚至指中国,就像世界上的唐人街,不是指唐,而是指中国。现时的汉也不是指汉朝而是指中国。唐在这里是指陕西,唐饼也是秦饼。当然这里的秦同样不是指秦朝,而是陕西。同时我也发现,这里有一些饼是冠以唐或与唐有关的元素的,如唐宫蜜食、开元通宝、诗仙饼等,诗仙当然是指李白,而不是苏轼。

用"张冠李戴""偷梁换柱""移花接木"来形容唐食演义中的一些饼应是比较贴切的。我以为,"偷"也好,"换"也好,都"偷"得奇,"换"得妙,比如一款叫什么贵妃的饼中竟装了几块近代才有的小桃酥,这实在令人称奇。

对于以上这些我完全予以认可,予以点赞。我研究了二十多年秦饼文化、汉唐饼文化,我也不可能穿越到汉武帝时、唐玄宗时看他们的饼、吃他们的饼。我只知道胡麻饼就是普通面饼上撒上一点芝麻(胡人叫胡麻),我也只知道唐昭宗送给进士们的红绫饼只是饼上包了一层红绸子。我们应该点赞河南的杨先生,点赞他作为一个河南人却有秦人的想象力,有当代人的思维元素与空间,不只点赞,还应感谢他。

　　我们感谢他,还因为他策划的这些唐饼、秦饼不仅能增加陕西中老年人对汉唐饮食文化的回忆、对传统糕饼的怀念与想象,也让当今的 90 后、00 后能够接受,能够喜欢。我在这里把这些饼称为创新的唐饼、秦饼。

　　秦饼是中国四大传统糕点之一,四大传统糕点即广式、苏式、京式、秦式,而且是我提出来的。我提出这个观点不只因为秦饼历史悠久、文化厚重、品种繁多、口味独特,还因为再不提这一观点秦饼完全有可能像四大菜系、八大菜系中都没有陕菜一样,被边缘化。陕菜,或叫秦菜是中国最老的菜,是中国菜系之根、之母,陕菜有中国烹饪鼻祖伊尹,有周时的周八珍,有唐时的烧尾宴。作为烹饪鼻祖的伊尹在我提出是陕西合阳人以前,一直被以为是河南伊川人。同时作为中国糕饼鼻祖的闻太师闻仲我也将考证他、研究他,看他是不是陕西人,尽管有人说他只是《封神演义》中一个传说中的人和神。

"大秦酥饼"出安旗

在秦饼的家族当中,有一款由陕西安旗食品有限公司出产的大秦酥饼,可谓出手不凡,一经面世和亮相,就引起了不小的冲击波。当年上海世博会期间,大秦酥饼在陕西馆一经展出便被抢购一空,不得不从西安紧急调运,以满足更多人的需求。陕西馆还把大秦酥饼送给许多国家的馆长,也大受欢迎。在第二届全球秦商大会上,安旗又将大秦酥饼送到与会代表面前,许多人品尝后赞不绝口地说:"这么多年漂泊在外,都没有吃过这么好的饼了。"他们纷纷找到安旗公司表示要多带一些回去,让更多的陕西乡党尝尝家乡的味道。

从文王锅盔到大秦酥饼

陕西是中华文明和文化的发源地,同样也是中华饮食文化的发祥地。关于饼的故事和传说,不胜枚举。中国最早的饼——补天饼,就诞生在陕西临潼。被称为中国烘焙食品活化石的石子馍,唐时长安城就有制作。还有胡麻饼、红绫饼等,更是享誉长安。而其中流传最为广泛、最受老百姓欢迎的饼,则非锅盔莫属。

相传,唐代在修筑高宗李治与武则天的合葬墓时,将其墓址选在奉天县(今乾县)城北6千米的梁山上。因这个方向为"八卦图"中的"乾",遂将所筑之陵称为"乾陵"。奉天县后来也被改为乾州、乾县。修筑乾陵,工程浩大,征集的民工和监工数以万计。每日需要大量饭食,一时难以制作出来。于是,民工便用头盔烙饼,以应急需。这样烙出的饼,形似头盔,所以就叫"锅盔"。这种锅盔香味异常,既耐饥又久放不馊,颇受民工和士卒的欢迎。

乾陵竣工后,随着修筑乾陵而形成和发展起来的乾州锅盔,就被一代代传了下来。

其实,陕西锅盔的制作可追溯到商周时期。周文王伐纣时锅盔就被用作兵士的军粮。在陕西西府一带,至今还有一个锅盔品种,就叫"文王锅盔"。这种锅盔到了秦代,更是被发扬光大,普及推广。秦人制作的锅盔,个大、饼厚、瓷实,因其外形酷似树墩的横截面,最初不叫锅盔,被称作"墩饼"。

当时秦军行军时士兵配发的墩饼,一个都有二三千克重,一个墩饼的直径在50~60厘米,厚度也都在10多厘米。士兵的携带方式也很独特,两个墩饼为一组,在每个墩饼上钻两个眼,用麻绳系好,前胸、后背各搭一个,如同民间过去常用的褡裢一般。这一特殊的携带方式在突遇作战时,墩饼竟成了极好的单兵护具,起到了盔甲(防弹背心)的作用。更难得的是,敌军射过来的箭,扎在墩饼上,被秦军士兵拔出来后,又可用来射杀敌军。墩饼能"吃箭",也成了秦军获胜的一大法宝。而后士兵们便把墩饼唤作"锅盔",即用锅烙出来的硬面盔甲。"锅盔"由此而名声大振。据说,三国时期,著名的诸葛亮草船借箭之计,其灵感就来源于秦军的锅盔吃箭。

秦国能够力克群雄统一六国,除了政治、军事、经济、文化等原因外,"锅盔"作为士兵的主要干粮,也有着不可低估的作用和突出贡献。锅盔的保质期比较长,适合较长时间存放和携带,这和锅盔的用料及制作方法密不可分。锅盔的制作方式是非常讲究的,要用上好的小麦面粉,用水搅拌,和成面团,待发酵后用擀杖擀成大圆饼,置于平底大铁鏊中,用文火慢慢烙之,烙干水分,皮微焦黄而瓤干香醇。锅盔即使在炎热的夏季,放上十天半个月也不会起霉变质,适合长距离作战食用,完全可以和今天军队所使用的压缩干粮媲美。

其他国家在军队干粮的选用上,已先输给秦军一等,比如楚国。楚军在与秦军作战时,楚军的主要食物是米饭团。米饭蒸好之后,用竹叶包成一个一个的饭团(类似于今天的粽子),发给士兵随身携带。米饭团的保质期是非常短的,士兵往往携带三两日,饭团就会变馊发酵变酸,士兵吃了这样的变质食物大多会闹肚子,腹泻不止。一支被腹泻困扰的军队,其作战能力是可想而知的。而秦军则不同，锅盔不仅保质期长，士兵们在食用时还不断创新，如用煮牛羊肉的汤，就着锅盔吃，这就是今天陕西仍很流行的水盆羊（牛）肉的吃法。有些聪明的士兵，把锅盔掰成很小的块儿，放入铁质的头盔里，浇上滚烫的牛羊肉汤，经过深加工的锅盔，汤鲜、馍软、热乎，流传至今且经久不衰的牛羊肉泡馍，就是由此而来的。美食果腹的秦军壮汉，上了战场英勇无比，横扫六合，势如破竹……

秦人、秦腔、锅盔，先人留下的东西，源远流长，博大精深。能不能从秦军与锅盔的联系之中得到一些启发，将其做成产业，近年来引起了许多陕西企业家的关注和探索。根据作家孙皓晖创作的同名历史小说改编而成的电视剧《大秦帝国》，就是一部以秦国为主要视点来展现战国时代波澜壮阔的史诗，讲述了战国时代的秦国由弱转强，进而统一六国，以及最后走向灭亡的过程。几乎是在《大秦帝国》热播的同时，一位从加拿大回国的陕西籍华侨，在安旗的专卖店里转了很长时间，询问有没有陕西的传统糕点，他要带一点回去给亲朋好友。董事长韩云闻知这件事后感触很深，能不能借电视剧的热播，再做进一步的挖掘呢？在对秦饼历史和文化进行挖掘后，他认为在陕西，最具生命力的饼就是锅盔。于是，安旗隆重推出了具有大秦帝国风范的大秦酥饼。此饼的特点是酥不掉渣，香不油腻，既可日常食用，又能馈赠亲友，非常符合现代人的饮食习惯，面世后深受广大消费者的欢迎和青睐。

在西点与传统秦饼之间徜徉

众所周知，安旗向来以做西式糕点闻名于世。从 1994 年成立西安安旗食品有限公司到 2008 年注册成立陕西安旗食品有限公司，安旗已走过了二十多年的历程。这期间，安旗带头创立了陕西民营现代烘焙企业，拥有现代化的中央工厂，较早把西点引入西安。安旗食品主要产品有四大系列数百个品种，其中蛋糕、西点系列共有三大类 60 多种产品，是人们生日节庆、朋友聚会的首选；面包系列有主食、调理面包以及法式、俄式等产品，常年销售200 余种。目前在陕西，安旗以连锁经营的方式发展。近日，我走进安旗西安咸宁路店,看到专卖店规范整齐,各式产品琳琅满目,消费者络绎不绝。一位带着小孩买面包的年轻妈妈说:"我每周都要到安旗店给孩子买食品,在日常生活中已经离不开安旗了。"

安旗之所以能在激烈的市场竞争中取得长足发展,关键还在于董事长韩云的高瞻远瞩和运筹帷幄。韩云认为:越是民族的东西,越是世界的,也越有生命力。作为秦地饮食文化的重要组成部分,秦饼无疑有着广阔的市场潜力。不但生长在秦地的人对秦文化有着一种挥之不去的情怀,而且外地人、外国人到陕西来,也都要品尝和购买秦地的烘焙食品。中国的烘焙市场最终还是中式糕饼的天下。作为中国人,作为秦人,我们一定要做民族的食品,传统的食品。

礼泉烘焙"三只虎"

礼泉,一个夹在宝鸡与咸阳之间不大的县城,当年曾因苹果火遍全国,如今又因一颗小小的饼火了起来,被陕西省烘焙协会授予"陕西糕点名城"。

礼泉其实早就应该被评为"中国烘焙之乡"了。因为我至今未发现中国有哪一个县城能有几十家大大小小的烘焙企业,专做一只小小的饼,年产值近十个亿。

记得十五年前,我和时任省烘焙协会常务副会长兼秘书长的张鉴先生商议,应该给礼泉一个名分、一种荣誉。我们当时商议的是评一个中国烘焙之乡,但最后评了一个陕西糕点名城。名城也罢,之乡也罢,都是说礼泉烘焙产业很发达,做烘焙的企业很多。但在这众多的烘焙企业中,有三家做的最早最好,也最大,成为礼泉烘焙企业的领跑者,这就是红星软香酥、心特软和子祺,我把它们称为礼泉烘焙"三只虎"。如果没有这"三只虎",礼泉烘焙业也就不会有今天。如今这"三只虎"带领着礼泉的烘焙业阔步前进,成为礼泉食品业的一道亮丽的风景线。我在十五年前曾写过一篇长文,《中国烘焙业的礼泉现象》,分别发表在《中国食品报》和《中国焙烤》上,讲的就是这件事。

礼泉烘焙业的这"三只虎"不但很大、很猛,而且出世很早。早在 20 世纪 90 年代初,这"三只虎"就横空出世,尽显神威。他们凭着当时礼泉苹果产业还处在旺盛期,人流、物流、信息流都很畅通,开始进军烘焙产业,做烘焙食品。红星做软香酥;心特软做老婆饼;子祺开始做馍头、麻花,后来也做各种饼,而且他们都做新秦式糕点。心特软先做老婆饼,后又做各种秦饼,如大唐秦饼,还成立了秦饼文化研究中心。

这"三只虎"各有特点,各有各的产品与文化,在营销方式上各有各的高招,各有各的市场定位,各有各的目标市场、消费群体。他们在礼泉,在西安,在西北的各市场,既有竞争,但更多的是联合,是互相支持、相互促进、团结一致,合力做秦饼。他们还在礼泉成立了烘焙行业协会,带领礼泉几十家烘焙企业共同发展。

　　礼泉人杰地灵,历史厚重,皇气很盛,唐太宗李世民的昭陵就在这里,唐乾陵在附近,唐太宗、武则天这些顶级人物能看中这里,长眠于此,可见其风水之流畅。如今的袁家村创造了一个现代的旅游奇迹,最早把农耕文明、民俗体验、乡村饮食文化与旅游相结合,开启了乡村旅游的新天地。红星软香酥、心特软、子祺等一大批礼泉的烘焙企业创造了中国烘焙业的一个奇迹,让中国的烘焙业为之动容。中国焙烤食品糖制品工业协会理事长朱念琳先生参加了礼泉"陕西糕点名城"的命名大会。我想不久的将来他一定会把"中国烘焙之乡"的桂冠戴在礼泉的头上,因为它当之无愧、受之有理;而红星、心特软、子祺也应当有更高的荣誉。

蓝田食品厂

蓝田食品厂始建于 1954 年,原来厂名为蓝田副食加工厂,20 世纪 80 年代改为蓝田食品厂,这是一个综合性的食品厂。外人有所不知,这个成立六十多年的食品厂至今还是一个国有性质的工厂。这在全国也许是一个奇迹。

一个改革开放四十年都没有改制,依然坚守国有体制,而且能生存下来的工厂,这本身就是一个奇迹。那么支持他们生存的条件是什么? 我以为有两条:一是有一群好工人、老工人,二是有一个好产品。

从 1954 年始,蓝田食品厂的产品也许有几十种、上百种,但最有名、销售量最大的还是它们的蓝玉牌水晶饼。

水晶饼始于渭南,并与宋名相寇准有关。后来西安的德懋恭将水晶饼做大做强,成为陕西名吃、陕西特产。许多食品厂也都做水晶饼,蓝田食品厂是其一。

蓝田水晶饼是陕西水晶饼中的佼佼者,在蓝田、长安一带有很高的知名度。每逢中秋节、春节,蓝田人几乎家家户户都买蓝田水晶饼,吃蓝田水晶饼。即使在广式月饼盛行的年代,蓝田人八月十五中秋节还是把水晶饼当月饼,自己吃,也送人。究其原因,一方面有家乡情结,爱吃家乡产品,但好吃才是硬道理。每逢春节,儿子、孙子回蓝田老家,都抢着吃蓝田水晶饼,回西安还要带几盒。我曾问他们,西安那么多品牌的水晶饼,你们为什么偏爱蓝田水晶饼? 他们回答我两个字:好吃。

我研究烘焙文化、研究秦饼二十多年,也试图解开这个谜。我和前任及现任厂长都交谈过,参观过他们的生产车间。从表面看,他们的水晶饼在原料和工艺上和其他品牌也看不出有什么差别,但我以为区别可能就在原料的质量和新鲜度上。

厂长黄勇告诉我,建厂六十年来,尽管领导换了好几届、工人换了好几茬,但不变的是他们始终把产品质量视为企业的生命,都把生产工艺和质量标准放在第一位,从未马虎过。我想这也正是蓝田食品厂虽未改制,仍是国有机制,但仍能适应市场经济,顽强生存下来的一个秘密。工厂的水晶饼是这样,酱油、醋等其他食品也是这样。

进入新时期,蓝田食品厂又有了新发展、新动作,也有了新产品。2018年,蓝田县政府把建在灞源的一个豆制品厂交给食品厂管理。

我曾问过县一位主管局长,灞源豆制品厂是一个扶贫工程,县委、县政府都十分重视,也事关移民就业的大问题,为什么把这样一个重要的厂交给蓝田食品厂管理? 他回答我说,正是看到食品厂有六十多年的经营管理经验,他们有一套成熟的管理方法和制度、有一个好班子,交给他们政府更放心。

蓝田灞源镇地处秦岭北麓,这里人杰地灵、山清水秀、历史悠久、文化深厚。灞源就是灞河之源的意思。灞河原叫滋水,春秋时秦穆公将滋水改为霸水,后来人们逐渐叫为灞河。历史上这里的人就有做豆腐、豆腐干的习惯,有的村家家户户做,所以这里的豆腐、豆腐干很有名。问当地人从什么时候开始做豆腐、豆腐干,他们也说不清,说是祖先传下来的。有人说可能从民国开始,更有人说清末就有人做,总之历史很久。

我问当地老百姓,这里出的豆腐、豆腐干为什么有名? 他们讲了三个原因:一是黄豆好,农民种在秦岭坡上的黄豆粒大、饱满,生长期长,营养好;二是这里的水好,从秦岭流出的水犹如干泉,又香又甜,好水才能做出好豆腐;三是他们有一套祖先留下来的传统制作方法,与别地不同,比如他们点豆腐用磨豆腐的浆水,还有其他不一样的方法。所以这里的豆腐十分好吃。在西安都有很高的知名度。

县委、县政府把豆制品厂建在灞源就是想利用灞源良好的自然生态环境,利用灞源的好山好水和优质黄豆原料,又把农民传统的豆腐加工工艺与现代科学技术、现代设备相结合,用规模化、工厂化方法生产,同时又能解决当地移民的就业,这是一个十分科学而又合理的选择,并交给具有六十年管理经验的蓝田食品厂管理。黄厂长满怀信心地告诉我,他们一定不辜负县委、县政府的信任,把豆制品厂管理好、经营好,把灞源豆腐、豆腐干这个品牌打出去,使它成为西安、陕西一个知名的豆制品名牌。

长青老月饼

陕北的烘焙文化像陕北的红色文化一样,名扬四海。榆林的老月饼、土月饼,定边的炉馍,延安的果馅,等等,品种很多,且风味独特,地方特色浓郁,这几年已走出陕北,走向全国。陕北的黄馍馍经过央视《舌尖上的中国》的宣传,更是红遍全国。

陕北另一个红遍大江南北的烘焙食品就是榆林神木等地的老月饼。在我印象中,神木等地做老月饼的企业很多。但长青公司的老月饼我以为做得最好,知名度也最高。

2018 年中秋,我的小乡党李冷锋从广东回陕,想在西安发展。当他得知我在烘焙文化研究上还略知一二,对陕西的烘焙市场、烘焙企业还比较熟悉时,他就问我,中秋节到了,他想卖月饼,不知卖什么月饼,卖谁家的。我不加思索地说,你卖陕北的老月饼,卖神木长青公司的,保证好卖。他听了我的话,试着卖了一些,果然卖得很好。中秋过后他告诉我,明年要继续卖长青的老月饼。

由于工作的关系,加上我对烘焙文化,尤其是秦饼文化的热爱,这几年我跑了不少地方,考察当地的秦式糕点、传统烘焙产品。当我跑遍了榆林、延安等地后,发现陕北的老月饼、土月饼是一个很有特色的产品,具有很大的市场潜力。这个产品文化深厚,在内蒙古、山西一带也十分流行。于是我和张鉴会长商量能否请一些专家、学者就陕北的老月饼做一次文化研讨,以提高市场对陕北老月饼文化的了解,提高老月饼的知名度。此事很快被长青公司的董事长王襭得知,他主动提出全程支持赞助这次研讨会。于是,一场规模很大、档次很高的陕北老月饼文化研讨会如期在曲江新落成的唐隆酒店举办。参加此次大会的专家学者有肖云儒、李刚、商子雍、高建群、阎建滨等人,更有台湾著名烘焙文化研究专家黄泰元先生。长青公司董事长王襄在会上做了主题发言,系统介绍了陕北老月饼的历史文化及风味特征等。

我很佩服长青公司的王襄董事长,佩服他站得高、看得远,佩服他识大局、顾大体,不以企业品牌为重,而以地区产业为上,以树立地区老月饼品牌为上。这次老月饼文化研讨会长青公司全程赞助,而且规模大、档次高,费用也不少。当我提出以长青老月饼做宣传推广的主题时,他总告诉我,还是以陕北老月饼为主,主打地区产业品牌,提高陕北老月饼的品牌影响力。事实和结果也正是如此。这次研讨会开得非常成功,推广宣传力度也很大,国家、省、市、地区媒体都做了大量报道,不但提高了长青老月饼的品牌知名度,更把陕北的老月饼、土月饼推向了全省、全国。老月饼、土月饼的知名度大大提高,其销售很快走出陕北,走向西安,走向全省和全国。许多知情的行业内人士见了我都说:"宿老师,你策划和组织的这场陕北老月饼文化研讨会太好了,影响太大了,不但带动了陕北老月饼的销售,而且促进了陕北其他烘焙产品的整体销售。太感谢这次大会,太感谢你了。"我说:"不要感谢我,真正应感谢的是长青公司,感谢王襄董事长,没有他的大力支持,就没有这次成功的陕北老月饼研讨会。"

长青公司的老月饼是长青公司的拳头产品,近几年销量年年大幅提升,在陕西、内蒙古、山西以及北京等十多个省市都有一定销量。我也经常向一些朋友推荐长青老月饼,也自己买长青老月饼送李刚、阎建滨等一些著名学者、文化人,他们吃了长青的老月饼也都说好。西北大学教授、博士生导师、著名陕商文化研究专家李刚教授是我的乡党,也是我敬仰的文化名人。他告诉我,尽管他不大爱吃甜食,但我送给他的长青老月饼他每年中秋都要吃,因为它与众不同,确实好吃。

长青公司近几年发展很快,也很好。他们注重企业文化,引领现代产业潮流,近年来在做饮食文化、秦饼文化的同时,又在进军健康产业,做大农业,做养殖、种植,使已形成的食品产业形成健康的产业链,这种前瞻性的产业发展思路不但体现了公司高层的睿智与远见,更符合当今产业发展的趋势和方向。我们相信,长青公司在王襫董事长的带领下一定会做得越来越好、越来越大、越来越强。

延安有嘉乐

延安是圣地,养育大中国。当年毛泽东、周恩来与朱德,小米加步枪,南瓜黑窝窝,领导共产党,打败日本人,解放全中国。

延安是圣地,圣地出圣果。圣果是什么?圣果是果馅。果馅出嘉乐。

黄燕、张玉龙,夫妻同创业,建立嘉乐厂,开始厂不大,产品也不多。夫妻共努力,做大又做强,如今在延安,嘉乐美名扬,做西点、做中点、做秦饼,烘焙势力壮。

东太是品牌,寓意深又强。黄燕来领路,越走路越广。诚实又谦逊,女人当自强。精做延安饼,诚做延安人。原料精细选,工艺管理严,严把质量关,出厂要检验。

精心做市场,营销步步高,进超市,做连锁,团购与零售,一个不能少。做广告,做公关,做公益,活动搞得好。

立足大延安,眼光更长远,到西安,上太原,进北京,品牌声誉高。

红色食文化,嘉乐来传播,吃延安饼,传圣地情,做延安人,服务大延安,服务中国人。嘉乐有责任,东太来担当。

兴平有个吉利轩

"玄宗回马杨妃死，云雨虽亡日月新。终是圣明天子事，景阳宫井又何人。"这是唐代诗人郑畋的一首叫《马嵬坡》的诗。马嵬坡也叫马嵬驿，是一个地名，在兴平。兴平还有茂陵，是汉武帝刘彻的陵墓。这些一般人都知道，因为它们是旅游胜地。但是兴平还有一个小有名气的食品厂，叫吉利轩，可能有人还不知道。

吉利轩是一家烘焙企业，厂子不算大，产品却不少，也很好，如核桃酥、水晶饼、白云酥等等。吃着吉利轩的这些秦式糕点，我似乎隐隐感到除了秦式糕点的明显风味特征外，还有一种江南糕点的细腻与精巧。后来才得知吉利轩的创始人陈震寰虽生在陕西、长在陕西，却在上海的一家糕点厂工作过四年，当时学的就是江南苏式糕点。

陈震寰当初创业时做的不是秦式糕点，而是苏式、上海风味糕饼。应该说当时陈震寰做的苏式糕点还不错，因为不但他自己懂，他父亲更是这方面的专家，在上海一家糕点厂工作了大半辈子。他当时就是在父亲的厂里学习的。他做的苏式糕点质量虽不错，陕西人却吃不惯，销售不佳。于是他又改为做秦式糕点、其他中式糕点、西式糕点，一做就是十五年。

吉利轩在兴平的食品行业已小有名气，在烘焙行业更是坐上了头把交椅。在兴平，在咸阳，在陕西，吉利轩都有一定的品牌知名度和影响力，这得益于陈震寰从创立公司开始就以质量立厂，以产品赢人，以信誉立市。公司的经营理念就是"保证一流质量，保持一级信誉"。这也是吉利轩企业文化的核心。正因为如此，吉利轩一路走来，虽经曲折，但终成正果。其产品和企业都受到行业和社会的关注和呵护，也正行走在做大做强的道路上，企业前景十分光明。

企业发展了,陈震寰也在社会上广受关注。他如今已是兴平政协委员,他在做好自己企业的同时,也同其他政协委员一样参政议政,他的许多提案都被政府采纳。他还关注社会公益事业,积极参与到扶贫助学等活动中,为社会公益事业做出了自己应尽的贡献。

陈震寰兴趣广泛,爱交朋友、爱唱歌、爱旅游,他说这些兴趣和爱好,既是个人的,也是企业发展的需要,也使企业受益匪浅。我去吉利轩时遇到了陈总的一个朋友,是兴平著名的男高音歌唱家,他们是歌友,也是朋友。而这个朋友在产品销售上为吉利轩做出了很大贡献。

出生于 1976 年的陈震寰正值精力充沛期、事业成功期。他年轻,有文化、有思想、有理想、有担当,但又沉稳、坚毅、不浮躁。谈到企业远景、企业发展,他信心满满、豪情万丈,但又不会盲目发展、急躁冒进。他要在烘焙行业积极探索、稳步发展,最终达到自己设想的高峰。

在谈到自己十多年在烘焙行业摸爬滚打的经历时,陈总多次提到陕西省烘焙行业协会。他说参加协会以来,结交了朋友,开阔了视野,增长了见识,交流了信息,协会确实是一个好平台。同时他又告诉我,烘焙行业市场潜力巨大,它是一片蓝海,但竞争也会很激烈。烘焙产品也会变化无穷,创新不断。你要生存,你要发展,就要不断学习,向行业模范企业学习,向市场学习。特别是当企业发展到一定阶段时,一定要注入文化,以文兴企,以文为本。一个没有文化的企业是做不长的。他要在现在的基础上,使企业百尺竿头,更上层楼,使企业在稳健的基础上做大做强、做精做专,为发展地方经济,为中国的烘焙业,为秦饼的发展做出自己微小的贡献。

安康欧丰园

在安康的高新区有个欧丰园。欧丰园的老总叫李新荣,在安康食品界还有点小名气,特别是在烘焙界,他应数第一。

李新荣是渭南人,曾在安康为西安一家大型烘焙企业做销售。做烘焙时间久了,就对烘焙有了感情,他自己开店,以前店后厂的形式做蛋糕、做面包、做月饼。他做西点也做中点,包括秦式糕点。后来做大了,他就征地、盖厂房,成立了自己的公司,这也是许多人所走过的路,甚至是烘焙企业的必经之路。

做有陕南特色的烘焙食品

和李新荣交谈,我们谈得很投机。他不让我过多写过去,而我也更多地是想了解他和他企业的未来和设想。因为过去的虽然可以总结,但毕竟已成历史。更重要的是作为一个企业、一个企业老总以后怎么走,能走多远,能走多好,能走多久。

对一个企业来说,发展有两条:一是做什么产品;二是企业走什么路、怎么走,企业的目标是什么,要做成一个什么样的企业。

李新荣说,自己的企业做了这么久,但产品开发始终未达到自己的理想境界。他虽然做了不少产品,但特色不明显,特别是缺乏安康地域特色。在今后的产品开发上,这是他最想要的,也是想尽力开发的。

安康特色是什么?陕南特色是什么?就是大秦岭。秦岭是中华民族的父亲山,是一座巍峨的文化山。它有丰富的植物资源、食品原辅料,如核桃、板栗、茶叶、木耳、蘑菇等,这是我们已发现的,还有更多未被发现的植物资源、食品原料资源。我们完全可以依赖它们开发出许多具有安康特色、秦岭特色的烘焙食品和烘焙馅料,如核桃饼、板栗饼、茶点、茶食、野菜饼、野菜馅料等。

秦岭是文化山,我们用秦岭的植物原料,开发出来的糕饼不但要好吃、好看,还要有深厚的秦岭文化。陕南地处鄂、川、陕交界,鄂文化、楚文化、蜀文化,甚至湘文化在这里都有充分的表现,而秦岭的文化更是包罗万象,如果把这些文化挖掘、运用、包装进产品中,产品就会大放光彩、大有文化,也会大大升值,并为市场所青睐。

李新荣还告诉我,安康还有活的唐饮食文化,那就是汉阴、石泉等地的炕炕馍,它与唐时的名饼胡麻饼几乎毫无两样。李新荣甚至怀疑唐时的人将此饼从长安带到安康,长安人把它丢失了,而安康人把胡麻饼留了下来。

李新荣这么一说,我想起著名的饮食文化专家王子辉老人给我说过的一句话:今日安康的炕炕馍,就是昔日唐朝的胡麻饼。今日安康、汉中等地的核桃饼也大有文章可做。

欧丰园的明天

谈话最后,我问李新荣在公司发展上有何设想。他说公司现有的厂房、设备时有多日,已显陈旧,他准备对公司进行深度改造、升级。公司目前所处的位置不但是安康高新开发区,也是安康一个新的旅游景区。他要让新的欧丰园与此接轨,让新的公司不但是一个产业园、工业园,同时也是一个旅游景点、一个工业观光园,公司集研发、生产、销售、体验、旅游、观光为一体,成为安康一个新的旅游观光点,成为安康旅游的新地标。李总对此满怀信心,我对此也深信不疑,我们相信这一天很快就会到来。

打造陕西第二大糕点名城

烘焙业是当前中国食品工业中的一匹黑马,被称为食品工业中的朝阳产业,具有极大的发展潜力和空间。

据有关专家统计,中国目前人均消费的烘焙产品是韩国、日本等亚洲国家人均消费的十六分之一,是一些烘焙业更为发达的欧洲国家,如德国、意大利、法国的二十分之一。当然,中国的消费习惯和饮食文化与外国有很大的不同,但是中国城市,特别是南方一些大城市如广州、上海、北京等地的市民的消费习惯也正在不断改变,面包、西点、蛋糕、中点的消费量越来越大。更重要的是,中国大量的中小城市、广大农村目前烘焙产品的消费和食用量还很小。许多地方的人把烘焙产品还当作奢侈品、礼品、高贵食品,只有在节日才能吃到一点,平时很少买,也很少吃。不是他们不吃、不爱吃,是因为人们的生活水平还相对较低。

改革开放以来,我国的烘焙业有了长足发展,特别是近十年来,不但中国的传统糕点得到较好的发展和传承,还创新了许多新中式糕点,如南方的老婆饼、陕西的软香酥,传统月饼市场更是得到了极大的扩展和发扬。

更为可喜的是,各类西式糕点、面包全面进入了中国,法式、德式、意式、日式、韩式面包、糕点及新加坡面包都进入了中国。西式糕点的大量进入,不但丰富了中国烘焙市场和烘焙产品,为中国广大市民提供了千姿百态的烘焙食品,更涌现出了像好利来、米旗等一批专做西式糕点的大型、特大型烘焙企业。

陕西的烘焙业近几年更是出现了前所未有的快速、跨越式的发展,这种发展是以关中为核心,以西安和咸阳为中心,向四面八方辐射,带动了全省烘焙业的发展,特别是礼泉出现了以礼泉红星软香酥、心特软、子祺为代表的产业集群,使陕西的烘焙业走在了全国前列。

2008年,陕西省烘焙协会在礼泉召开大会,命名礼泉为第一个"陕西糕点名城",这在全省、全国都引起了极大的反响。据悉,这在全国也是第一个命名为糕点名城的县。

西府有礼泉,东府有大荔。十多年来,在渭南市委、市政府的大力支持下,在大荔人民的关爱下,大荔的烘焙业也得到了较快的发展,出现了以秦盛、红汇为代表的一批大型烘焙企业,也出现了像陈洪奎、赵万宏这样一些在全省都有一定影响力的烘焙企业家,更培养了一大批烘焙产业的技术人才、管理人才、营销人才,也为大荔烘焙业下一步的不断发展打下了良好的基础。

大荔地处陕西的东部,是陕西的东部门户。这里物华天宝、人杰地灵,也是明末清初陕商发展的最重要的地区之一。大荔更是陕西饮食文化重镇,是著名的陕菜之乡、饮食文化之乡。历史上大荔的西瓜、红枣、黄花菜都很有名气。大荔的其他食材和饮食资源也十分丰富。应该说,在历史上大荔的烘焙业也是十分发达的。所以大荔现在烘焙业的兴起和发展是有历史渊源的。历史上早就有"饼出三辅"之说,而大荔又是三辅重镇。在过去也有"西府的面,东府的饼"的说法。陕西历史上最重要的秦式糕点——水晶饼就诞生在东府的渭南,虽经近一千年,仍然长盛不衰,是陕西传统糕点的杰出代表。另外大荔的月牙饼、石子馍,富平的太后饼都很出名。应该说,东府的饼文化历史悠久、博大精深,东府有着发展秦饼、秦式糕点的得天独厚的条件。不论是发掘历史名饼、名糕点,还是发展现代烘焙食品、烘焙馅料产业,打造烘焙产业链,大荔都有相当雄厚的基础和条件,大荔发展烘焙业正逢其时。从目前的发展情况看,烘焙业完全有可能成为大荔的食品支柱产业,甚至可能成为大荔的优势产业之一。做好了,不但能在陕西有较大影响,而且可能像红星软香酥那样走向全国。

大荔烘焙产业的发展和提升是一个综合的因素,需要政府、企业、社会共同努力,全力推进。政府要充分认识烘焙产业在当地已有了一定的发展基础和条件,和其他食品工业相比较,发展起来较为容易。大荔的人文环境、地理环境、社会环境都有利于现代烘焙业的发展,特别是秦饼的发展。大荔是陕商的发源地,也是陕商文化的发源地。弘扬陕商文化,弘扬东府的饮食文化功在当代、利在千秋,何乐而不为。

三秦香满园

　　十多年来,陕西出现了一大批新秦式糕点,使陕西的秦饼市场呈现出历史与现代交融、传统与时尚结合、中西式共存的局面,使陕西的烘焙市场出现万紫千红、丰富多彩的繁荣景象。位于西安市鄠邑区的三秦香食品公司就是陕西烘焙市场一个小小的缩影。

　　鄠邑区是一个饮食文化十分发达的地区,软面、摆汤面、辣子疙瘩等早已闻名全省。这里的食品工业上也比较发达,三秦香是鄠邑区食品工业的一面旗帜。

　　我去过三秦香公司,此前也听说过。这个公司规模并不大,但麻雀虽小,五脏俱全。公司产品很多,涉及五大方面,共有三十多个品种,如中西式糕点、面制品、学生营养餐、市民早餐、净菜加工等领域。

　　秦香酥是三秦香公司的主打产品,有清香白芸、相思红豆、椒盐果仁、浓香黑麻、奶香花生、翡翠绿豆等六个不同馅料、不同品种,其色泽金黄、皮酥馅香,在鄠邑和周边地区有一定的知名度。

　　听公司老总余建伟介绍,他们目前正在进军一个新领域,即净菜加工,这一方面是过去学生营养餐、市民早餐工程的延续和扩展,同时又是一个新的食品加工空间,而且这个空间很大,市场前景也十分广阔,相信能给公司的经营带来新的效益。

　　三秦香公司成立于1992年,至今已有二十七年历史。应该说是一个老企业了。二十七年的经历,先进的经营理念,一系列行之有效的管理制度使这个不大的公司坚持始终,且越走越远、越做越大。二十多年来,公司获奖无数,荣誉满身,已成为西安市农业产业化龙头企业,更是鄠邑区一个食品龙头企业,从省、市、区领导到各级食品协会,都对这个企业给予了极大的认可和赞誉,当然更重要的是三秦香公司也为省、市、区的食品工业,为当地的群众和市民的食品供应和安全做出了应有的贡献。

每个公司的成功,都有其独到的经验。三秦香公司二十七年来始终秉承和贯穿着一条经营理念,那就是做大众食品,为普通群众服务,保证食品安全。为此他们有一套与公司适应的硬性制度、软性理念和企业精神。比如在产品质量上他们提出 100 − 1 = 0,即生产和工艺的每一个细小环节都不能放松。某一环节有问题,这个产品就不合格。他们还提出五心服务,即贴心、耐心、诚心、细心、舒心;在配送上提出三专,即专人、专车、专线;三按,即按时、按质、按量。所有这些都有效地保证和提升了企业的管理水平和文化境界。

从"春花"到"骅康"

苏东坡在他的《留别廉守》一诗中写道:"小饼如嚼月,中有酥和饴。"诗中写到的酥和饴就是月饼的馅料。饼中有馅的饼早在隋唐时就有。

史书《食经》记载,隋时有一种饼叫含酱饼,是说饼里已有肉酱和果酱。到了唐代,带馅的饼就更多了,甚至有专门做带馅饼的饼店。唐时长安丹凤门外有一家叫张手美家的食铺做的盂兰饼馅就很有名,其中的馅料甚至有蔬菜和水果。

唐昭宗时有"红绫饼餤",这餤是什么?著名饮食文化专家王子辉先生考证说,这餤就是馅。唐昭宗把这种"红绫饼餤"在大唐芙蓉园的宴会上送给卢延让、裴格等二十八个进士。卢延让晚年回老家四川,还曾写诗"莫笑零落残牙齿,曾吃红绫饼餤来"。

饼由面皮和馅料组成,当然也有不带馅的饼。如唐时的胡麻饼,饼上撒上胡麻(芝麻)即成。但带馅的饼肯定比不带馅的好吃。所以从古到今,都有专门做馅料的人和厂家。富平骅康食品公司就是一家专门生产各种馅料的大型现代化食品企业。

骅康人聪明,把厂址选在富平,很有眼光。不光因为公司老总石东升的爱人杜晓庆的家在富平,更因为这里历史上曾有名气很大的"太后饼",还有富平的特产柿饼。柿饼虽没馅,但柿饼可做成馅,我就吃过用柿饼做馅料的饼,还真好吃。

骅康的前身是石东升的母亲以自己的名字命名的工厂,即春花食品厂,做果酱也做馅料。东升接手后依然把"春花"作为品牌,做各种各样的馅料,做软香酥的馅料,也做红豆沙、绿豆沙,做枸杞酥、椒盐酥、黑芝麻酥,等等,当然也依然做父母曾经做过的各种果酱。

从春花到骅康，工厂变成公司，厂子大了，设备新了、先进了，员工多了，产品多了，一切都在变。但也有不变的，那就是父母留下的品牌"春花"，这是父母留给东升的精神食粮：老老实实做人，踏踏实实做事。

陕西省烘焙协会在张鉴、冯岩两位会长的带领下，十多年来始终在抓一件事，那就是振兴秦饼。当中国烘焙界近两年提出"中点复兴"时，殊不知陕西烘焙界早已走在秦饼复兴的路上。作为骅康公司的年轻掌门人，公司总经理石东升为了响应协会振兴秦饼的号召，提出"振兴秦饼从振兴秦饼馅料开始"的口号，先让秦式馅料走出潼关，走出陕西。这几年来骅康公司站在振兴秦饼的高度，陆续把陕南的核桃、栗子，陕北的大枣、杂粮，关中的苹果、石榴、草莓等优质水果开发成馅料、果酱，销往全国，成为陕西乃至全国一家大型以食品馅料为主业的公司，为振兴秦饼，为陕西的食品和食品加工业做出了很大的贡献。骅康像一匹骏马，还在飞奔着，还会对陕西食品业的发展做出更大的贡献。

秦饼名人

陕西烘焙四元老

2008 年,礼泉"陕西糕点名城"命名大会在礼泉隆重举行。此次大会还同时表彰了对陕西烘焙业有突出贡献的五个人——冯青山、陈崇儒、卢崇昭、李青山和我。在这五个人中,我最年轻,当时还不到六十岁,也算不上元老,故此文中就不提了。我也深感没有以上四位老人对陕西烘焙业贡献大,自己只是写了几篇文章而已。

陕西历史上应该有很多优秀的烘焙人物,他们为陕西烘焙的历史和文化做出了巨大的贡献,发明和创造了很多秦式糕点,并保存了下来,使秦式糕点成为中国四大传统糕点流派之一。在这里我们向历史上的烘焙前辈致敬。

陕西现代的烘焙业应该是从改革开放以后的 20 世纪 90 年代开始的。这四位元老是这个时代的代表人物。

冯青山是米旗的创始人。米旗的创立与发展虽是以西点开始的,开创了陕西烘焙市场的新时代,同时也与中式糕点和秦式糕点有着密不可分的关系。中秋的月饼、端午的粽子、春节的水晶饼米旗始终在做,而且做得很好,成为月饼品牌的代表。"米旗月饼,送给最重要的人"已成为一句经典广告语。更重要的是米旗跻身中国烘焙第一梯队,在全国都有一定影响。冯青山不仅是陕西烘焙界的杰出人物,也是中国现代烘焙界的杰出人物。在做了三十年西点后,米旗又进入秦饼世界,创办"唐食演义",也是值得称道的。

陈崇儒老先生是陕西红星软香酥食品集团有限责任公司董事长,我通过陕西电视台著名主持人杨登峰先生的介绍,很早就认识他了。我第一次去红星,陈总热情接待了我,介绍了自己,介绍了公司,介绍了自己的产品。我很感动,也很震撼,回到家就写了一篇《软香酥挑战西安水晶饼》的文章,《中国食品报》发表后我拿给他看。我原以为他会很高兴,但他看了后却眉头紧锁,并说:"老宿,这篇文章写过了。小小软香酥怎敢挑战千年水晶饼?"我告诉陈老,所谓挑战,是你还不如人家,在向人家学习,争取赶上它或超过它。同时我还告诉他,对软香酥,我有自己的看法,我以为作为一款新秦式糕点,它有巨大的优势,有很大的市场潜力。事实是,二十多年过去了,红星软香酥做得风风火火,走出礼泉,走出咸阳,走向陕西,走向全国,成了新秦式糕点的代名词。陈崇儒,对陕西烘焙业,对秦饼产业的发展厥功甚伟。

卢崇昭,子祺创始人,对这个比我大三岁的老人我更熟悉。第一次见面,我们就相见如故,谈得十分投机。我们都是军人出身,他是陆军,我是空军。军人的气质、军人的性格,在子祺创业路上起了很大作用。

卢总带领子祺从卖馍头、卖麻花开始,很快成为陕西一大型烘焙企业,这与卢总的决策、方向的掌控、儿子和儿媳的聪明与精干都有很大关系。

我和卢总相交很深,他曾委托我给他写一部自传,我答应了,但没写成。我原想对他了解再深些,资料准备再充分些,但没想到他走得那么快、那么早。这本书中,收录了我写卢总的一篇文章,发表在《中国食品报》,以示对这位老朋友的纪念。

李青山,我在书中已有专文介绍,这里不再多说。我只想说,老李对陕西烘焙业的贡献是独特的、巨大的。他策划支持成立了陕西省烘焙协会,他把水晶饼卖到了北京,卖到了北京王府井百货,卖到了全国十多个省会。他创新和恢复了十多种老秦式糕点,如老鸡蛋糕、迎春糕等。他虽是晶晶的创始人、掌门人,但他心系陕西烘焙业,心系秦饼,同时他也是我进入烘焙业的引路人,我至今忘不了他把我引见给省政府主管烘焙的两位领导,使我进入烘焙业,爱上烘焙业,研究烘焙文化、秦饼文化。没有李青山,没有聂志宽,也许就没有今天的这本《秦人秦饼》。

从军人到企业家

——记卢崇昭

和卢崇昭第一次见面、第一次交谈,我就本能地感觉他是军人出身。因为作为军人出身的我能强烈感受到他与别的企业家的不同。一问果然如此,而且我们还有同样的经历,那就是都在新疆当过兵。

要问军人企业家与别的企业家有什么不同,其实那只是一种感觉,这种感觉因人而异。而在卢崇昭身上,我不仅有一种初次见面的直觉,更多的是他在创业和子祺公司发展的实践中充满了军人特有的气质、风格与精神。

要干就干最好的

军人性格,说一不二,说干就干,不干则已,要干就要干出名堂,干最好的。

卢崇昭从部队回地方后,先在油田工作,后下海经商。作为一名身有残疾的复转军人,他的辞职下海本身就是一种军人气质的体现——不怕困难敢于挑战自我。他的下海经商史是与众不同的。

卢崇昭辞职回到陕西礼泉,此时的礼泉是一个苹果的世界,礼泉人种苹果、卖苹果,多数人因苹果致了富。但卢崇昭却与众不同,独辟蹊径,别人卖苹果,他卖馒头。他告诉我,那时的礼泉,家家户户都忙于种苹果、卖苹果,围绕苹果生意转。而卢崇昭想到的是,大家都忙苹果,没时间蒸馒头,外地人到礼泉能买到苹果却买不到馒头,而他正好拾遗补阙,做起馒头生意,这种独门生意自然差不了。据卢崇昭告诉我,他最多一天卖五吨面粉的馒头,而且还供不应求。说到这里我突然想起一个营销故事,同样与苹果有关。

说是某地区家家户户种苹果,一位小伙看到大家都在种苹果,而苹果收获后要用筐子装,所以他不种苹果,而在自己地里种柳树,用柳条编筐,结果供不应求,种柳树比种苹果还挣钱。后来其他人也种柳树编筐,他又不种柳树了,而在自己的地里打起了墙。围墙面临公路,很快被广告商买断做墙体广告,他自己什么也不干,挣的钱比卖筐还多。这个事后来被一个日本商人听到,他找到这位小伙子,让他到自己的工厂里搞策划、做营销,后来成了合资企业的策划总监。我想卢崇昭的不卖苹果卖馒头,和这位小伙子有异曲同工之妙。

卖馒头,卖麻花,卢崇昭有了原始积累。2002 年,他毅然进入烘焙业,做起月饼来。

说起做月饼,又体现出这位军人出身企业家的与众不同。2002 年的礼泉,苹果热已经过去,而出现了"软香酥"热。所谓软香酥就是礼泉红星软香酥公司的一种产品。在礼泉和咸阳一带卖得很好,几乎家家都吃、家家都买,随后礼泉又出现了心特软公司。"软香酥"与"心特软"做得很好也很大,再进入这个行业做什么?卢崇昭经过反复思考后,又显示了他的与众不同的风格。他认为,在礼泉如果再做相同的产品即使起个不同的名字,本质上别人还以为是同类产品,于是卢崇昭毅然弃"酥"从饼,做起了月饼,而且一做就大获成功。因为在卢崇昭看来,"饼"与酥是完全不同的两个产品,月饼就是月饼,而且是农历八月十五唯一的产品,每当中秋节,人们一想到买月饼,自然就想到了子祺月饼。

更令人佩服不已的是,子祺公司不只做咸阳市场,还把产品卖到了新疆、青海、宁夏等地。

有人也许会不解地问,子祺公司为什么不做西安市场,不在西安卖月饼,而舍近求远,做新疆、青海、宁夏市场?西安烘焙界一位营销专家听到子祺公司把月饼市场定在新疆、青海、宁夏,甚感惊奇,并伸出了大拇指,说子祺是营销高手,西安有米旗、安旗,子祺不与他们同"旗",而是另举旗帜、独辟市场,确实令人刮目相看。

更令人惊奇的是,在做了三年月饼之后,到 2005 年,子祺月饼就获得了

"中华名饼"的称号。子祺公司通过仅仅三年时间,把自己的产品做到陕西月饼第三,也被人们形象地称为陕西烘焙"三旗",这是很不容易的。

说起米旗、安旗、子祺这陕西烘焙"三旗",外界也给予了很高的评价,认为子祺公司老总很高明,在公司的名称上采取跟进策略,一下子把自己提到与米旗、安旗同样的位置。但后来我才知这其实是一个误解,或者说这纯属巧合,因这"祺"不是那"旗"。子祺其实是卢崇昭孙子的名字,与米旗、安旗无关。

做饼如做人,诚信赢市场

卢崇昭用短短六年就把一个子祺公司做得风风火火,远近闻名。2007年,公司又投资 3000 万元建起了新厂房。我参观过这个新厂房,其设备之先进在陕西当数一流,在全国也不多见。子祺在短期内能迅速发展,一是靠卢崇昭长期在部队锻炼形成的吃苦耐劳、坚韧不拔、敢为人先的精神。二是军人说干就干,干练、果断的风格,以及军人特有的严明的纪律和工作高效率、高速度,他把这些巧妙地与企业的经营和管理结合起来,而且发挥到极致。不仅如此,他的儿子卢健虽未当过兵,在工作中也处处体现出军人的气质。三是卢崇昭认为最重要的,那就是人格的力量,即诚信。卢崇昭和所有军人一样,爽朗、豁达、正直、坦诚,做事不拐弯抹角,说话不绕来绕去,他把这种精神带到事业上,就是强调做事如做人,做饼如做人,对顾客对员工,对经销商,一律诚信待之。

这种精神带到产品上,就是"要做就做最好的产品",货真价实,真材实料,产品质量好,服务到位。子祺公司的产品目前主要靠经销商。那么经销商凭什么在林林总总的万千品种中经销子祺公司的产品?一位经销商告诉我,他首先看中的是卢董事长这个人,他人好,讲诚信,同时产品好,服务也好,经销他的产品放心,无后顾之忧。在子祺公司,员工们对卢崇昭的评价更高,他们说得最多的一句话就是这个老头人好,值得跟着他干。

秦饼老人李青山

写秦饼人物一定要写一个人,那就是李青山。

说李青山是秦饼老人、烘焙老人一点也没错。

陕西现代烘焙业是从 20 世纪 90 年代开始的。那时随着改革开放的深入,一方面是一些老的食品厂、糕饼店相继歇业,如吉祥食品厂、临潼食品厂等;另一方面是一些新的烘焙企业开始崛起。晶晶食品厂也诞生于这个时期,其创始人就是李青山。

晶晶食品厂开始做糖果、饼干,后转做面包、蛋糕,中西式都做,但最终以秦式糕点为主。水晶饼、老式蛋糕、蛋酥、桃酥是他们的主打产品。

近几年,我们提出要让秦饼走出潼关,走向全国。实际上早在 20 世纪末,李青山已把秦饼推向北京、天津、郑州、济南、沈阳等十多个大城市的百货大楼。北京的王府井百货大楼、陕西的十多个地级市都有晶晶水晶饼。时任陕西省副省长的王双锡曾在全省的一次食品会议上表扬晶晶食品厂,表扬李青山,表扬他们把陕西的水晶饼卖到了北京,卖到了全国。

李青山还应该是陕西烘焙协会的功勋人物,是他和冯青山、刘定亮等企业老总最早倡议成立陕西烘焙协会的,他是当时协会会长的候选人之一。我参加协会,当上协会副会长也是由李青山和聂志宽介绍的。20 世纪末期,那时我连烘焙这两个字都不知道,也不知有烘焙协会。但我知道焙烤这两个字,因为有一个《中国焙烤》杂志。我那时已向该杂志和《中国食品报·焙烤周刊》写西安水晶饼、月饼市场的文章。也正因为这个,我才认识了李青山和聂志宽。

李青山做烘焙,关心烘焙产业发展,注重烘焙文化,所以他常年订阅《中国食品报》和《中国焙烤》杂志。他常在这一报一刊上看到我写的文章，但他不知宿育海是谁、是哪里人，于是他打电话到中国焙烤杂志社，问宿育海是何许人也，为何对西安和陕西的烘焙市场这么熟。时任《中国焙烤》杂志主编的赵世春告诉他，宿育海是西安人，是方欣集团副总经理。随后李青山打电话到我办公室，并约我去晶晶食品厂。从晶晶出来，我沿朱宏路向南走，没多远又看到志宽的专卖店。因我在文中常提到志宽水晶饼，便进去看了看。当聂志宽得知我就是宿育海时，显然有点激动，说："你就是宿育海!"于是我们认识并成了朋友。

　　说得有点远了，又回到李青山。记得在礼泉"陕西糕点名城"的命名会上，李青山、冯青山、陈崇儒、卢崇昭和我被评对陕西烘焙业有突出贡献的人物。我想李青山和其他烘焙老人一样，确实是值得表彰、值得宣扬的人。他对陕西烘焙业贡献太大了，是一个值得尊敬的烘焙老人。老李大我几岁。我对他深怀敬意，深怀感恩。今天有人称我为陕西烘焙文化研究第一人，对此我不敢承受。但如果说我在陕西烘焙文化研究上、在陕西烘焙市场宣传上还做了一点事，那么这点功劳至少有李青山的一半。

解领权的烘焙人生

一位诗人曾经说过,人生是一首诗,也是一首歌。作为陕西心特软公司的董事长兼总经理,解领权的企业和人生本身就是一首"心特软"的歌。就像当初唱红大江南北的那首歌《心太软》一样,"心特软"从礼泉唱到咸阳,又从咸阳唱到西安、唱到兰州、唱到北京、唱到更远的地方。

创业心特软

20世纪末,一首《心太软》的流行歌唱红了大江南北。解领权同许多年轻人一样,也特别喜欢唱这首歌。解领权就想用"心太软"的名字注册一个公司,不料当他兴冲冲去工商管理部门办理申请手续时,"心太软"已经被人注册,于是他只好注册成"心特软"。虽有一字之差,但基本意思没有变,他仍然喜不自禁,像疼爱自己的孩子一样,把全部心血和汗水,都倾注在这个新成立的公司上,经过二十年的艰苦奋斗,使公司在陕西烘焙业中,占据了一定的空间和地位。

慕名来到礼泉采访解领权时,他给我们讲了这样一个故事:也许命运注定今生要走烘焙之路,18岁时他从礼泉来到西安,做的第一份工作就是为一家做面包和蛋糕的烘焙企业送货,而且一送就是整整两年。1990年,解领权结束了在西安的打工生涯,回到自己的家乡礼泉创业。他以自己在西安的所见所闻,开始以西安市华山食品厂礼泉分厂的名义做面包、做蛋糕。几间简陋的厂房和设备,连他在内只有七八个人,产品主要是卖给礼泉县和县城周边的几个小镇,以及邻近的乾县。他虽然自己当了老板,但还是同在西安给别人打工一样,照样蹬着三轮车去送货。他每天天不亮就起床,先是和工人一块烤面包,然后边送货边了解用户意见开发市场,几年下来光三轮车就跑坏了好几辆。虽然做得很苦、很累,但他也尝到了烘焙业的甜头,赚到了第一桶金,为他后来正式走上烘焙人生奠定了坚实的基础。

转眼到了1999年,创办企业的一切手续都办妥了,他当初的愿望就要实现了,先做什么产品呢?为了能一炮打响,做出让老百姓称道的好食品,他下广州、走上海、上北京、到西安,四处登门求教,学习外地的烘焙产品,向别的企业家求教,并开始把广式月饼引入礼泉,让礼泉人知道除陕西的提糖月饼、水晶饼外,还有广式月饼、苏式月饼、潮式月饼等等,并在广式老婆饼的基础上,吸取南北各式糕点的特点,创新出心特软老婆饼。这是解领权推出的自己的第一个新产品,以其"皮薄酥软、蓉馅糯滑、入口绵甜、酥软香醇、沁人心脾"的特点一面市就受到市场的欢迎,一直卖得很好,现在还是企业的拳头产品。

后来他又引进先进技术和配方,融合现代人的饮食时尚,组织科研人员精心研制开发出包括心特软老婆饼、水晶饼、龙须酥、绿豆糕、"非常搭档"沙琪玛等5大系列60多个品种的低糖、低脂、营养丰富的经典食品。这些产品选用优质原料,经严格和科学工艺流程精制而成,深受广大消费者的欢迎和厚爱,热销到8个省区90多个县市,所到之处有口皆碑,供不应求。与此同时,他还根据烘焙行业周期性强、淡旺季差异大、生产不均衡的情况,为一些大型烘焙企业做贴牌生产,做到旺季产销两旺、淡季不淡,使企业走上持续稳定发展之路。

敢于为人先

在礼泉,他第一次和陕西电视台合作为烘焙产品做广告,这些在今天看来也许不算什么,但是在二十年前一个地处县域的民营企业,能有如此胆略,确实不多见。解领权还告诉记者,他中间一段时间曾尝试做乳品,就是想把面包、蛋糕和牛奶做捆绑式销售。后来乳品经营虽然没有继续下去,但引领了礼泉人健康营养的早餐消费时尚。

解领权认为,人才是企业发展的关键,但最重要的是如何留住人才。而要留住人才,则要首先留住他们的心,要给人才一个宽松的工作和生活环境,要让人才和企业融为一体。同时他还认为,对于食品行业来说,最重要的是两头的管理,即把好原辅材料的采购关,好材料才能出好食品;抓好终端管理,即销售的管理。抓住这两点,就抓住了食品企业管理的"牛鼻子"。

公司从1999成立以来,秉承"精制放心饼,诚做实在人"的宗旨,以"心好一切都好"的理念,依托得天独厚的地理、科研、资源优势,严格按照国家标准组织生产和质量管理,坚持以人为本,诚实守信,服务社会,赢得了良好的社会效益和经济效益。公司发展成为集研发、生产中西糕点、休闲食品为一体的现代化清真食品企业,在做烘焙产品的同时,解领权还尝试过做其他产品,做环保、酒店、农业、学生快餐等,都十分成功。

感恩天地宽

解领权出生在乡村教师之家,父亲从小就教育解领权长大后要"好好为人,好好做事"。他从十几岁开始给人打工,走过好几家企业,到哪里都受老板欢迎。特别是在西安给人送面包的两年里,那位老板把解领权当成自己的兄弟看待,其根本原因就是解领权踏实、肯干,而且极有主见,干任何事都会让老板满意。解领权说开始工作时,一个月四十多元的工资,每次发工资时,他都会很感动,认为那钱是老板对自己的恩赐,而不是自己的劳动所得。正是这样一种朴素的感恩心理,不但成就了解领权本人,也成就了他的事业。

解领权创业当了老板后,始终不忘自己当年打工的经历。在对企业管理,特别是对员工的管理上,他更多地采用一种软性的、柔性的、人性化的管理,以宽容、善待、刚柔并济、宽严结合的办法管理企业、对待员工。从1999年至今,在二十年的心特软创业史上,他对厂里的员工更是怀有一种感恩的心理,认为没有他们就没有自己的企业;视员工为自己的兄弟姐妹,不但从不拖欠员工的工资,还资助过几十名贫困的员工。大家对解领权的评价是"善良但不失威严,宽容但不失严格"。许多人都说:"跟着这样的老板干,什么时候心里都是踏实的。"

如今在礼泉县,烘焙业像当年的苹果产业一样,已成为当地的支柱产业,被外界称为陕西烘焙业的礼泉现象。在这一现象背后,解领权和他创立的心特软备受关注和称赞。由于其对烘焙行业和社会的贡献,解领权从2005年起,先后被评为咸阳市十大杰出青年、十大技术明星和劳动模范等,并成为咸阳市人大代表。

走进这家现代化的食品企业,我们高兴地看到,他当初为企业制订的"精制放心饼,诚做实在人"的企业宗旨和"诚信为本,服务创造价值"的经营理念,正在变为员工的自觉行动。我们有充分的理由相信:解领权和他的心特软一定会越走越远,越来越好。

聂志宽的秦饼情结

2010 年中秋节前,中央电视台《新闻直播间》播出了一个节目"中秋月饼映团圆,起源就在古长安"。节目专门采访了西安志宽食品公司的董事长聂志宽先生。在这之前,他还和我共同撰写发表了《月饼的故乡在未央》的文章,引起社会的广泛关注。也许有人会问:聂志宽何许人也,为什么对长安与月饼有如此深刻的研究,为什么对秦地月饼有如此深厚的感情?

说来也是情在理中,聂志宽本人就是做食品的,他的公司就叫志宽食品公司,是专业做秦式糕点的公司。聂志宽常自豪地说,公司从 20 世纪 90 年代成立以来,主打产品就是秦式糕点,有志宽水晶饼、桃酥、玫瑰鲜花饼、水晶夹沙、绿豆糕等,总计有近五十个品种。关于广式月饼,聂志宽也有自己独到的看法,他说:"近几年广式月饼盛行全国,其对食品工业的贡献是不言而喻的。但也造成了一些误解,好像月饼只有广式月饼。其实月饼的品种是很多的,各地都有自己的特色月饼,如京式、哈式、滇式、苏式等。而陕西的秦式月饼历史更早,品种也更多,早在汉代就有胡麻饼,到了唐代,更有了红绫饼、贵妃饼等,这些都是专门用来祭月、拜月的,也是中秋供人享用的。陕西的月饼,如果从地域上划分,还有关中月饼、陕南月饼、陕北月饼等。"聂志宽认为长安、鄠邑、蓝田、周至等地,每到中秋节家家户户都自己烙团圆馍,这就是最传统的月饼。还有定边的炉馍、延安的果馅、西安的水晶饼,也都是中秋节的月饼。这些月饼不止八月十五吃,一年四季都有。所以他认为,中秋节带馅的饼,都应当称为月饼。

2009 年,志宽食品公司推出了自己研制的新秦式月饼,并在国家工商局注册了"秦饼""秦饼世家""秦式月饼"等商标。他还在省烘焙协会上一再声明,他注册这些商标,绝不是想独占这些资源,而是想为秦式月饼争得一席之地。有人问他:"现在的烘焙市场,特别是在西安这样的大城市,西点十分流行,年轻人对西式糕点情有独钟,米旗、安旗、御品轩都做得很大很强。你为什么要坚持做中式糕点,做秦式糕点呢?"

对此,聂志宽痴情不改。他说中式糕点历史悠久,品种繁多,口味独特,特别是我们的秦式糕点,文化底蕴深厚,传承千年糕饼文化,做民族的、地域的、特色的糕点是一件十分有意义的事情。而且从某种意义讲,中式糕饼、秦式糕点市场更大。就像世界上有三大菜系,有西餐、土耳其菜,还有中餐。对于大多数人来说,还是喜欢吃自己国家的菜。中国人就喜欢吃中餐,陕西人就爱吃羊肉泡馍、肉夹馍。对于这一点我深信不疑。

聂志宽从 20 世纪 90 年代进入烘焙行业,先是成立了志宽食品厂,然后改制为志宽食品有限公司。二十多年来,他坚定地走秦饼、秦式糕点之路,从来没动摇过,而且一路走来收获颇丰。如今他在业界,被称为秦饼专家,经常应邀参加各种有关秦饼行业和产业的活动,在《中国食品报》《陕西商界》等报刊撰写秦饼文化的文章,呼吁振兴秦饼;并在行业内积极倡导建立秦饼行业产品标准,规范行业技术,做精做专秦饼产业。他身体力行,志宽水晶饼已成为西安家喻户晓的秦饼品牌。与传统的水晶饼相比,志宽水晶饼在馅料、外形、口感等方面都做了大胆的创新和改进。与此同时,他还创制了玫瑰鲜花饼、长安饼、水晶夹沙、新秦式月饼等十多种新秦饼,成为陕西烘焙业重要的专业秦饼生产基地之一。

近几年,陕西烘焙协会提出振兴秦饼,聂志宽和他的企业率先响应,更加积极地投入到振兴秦饼的工作中来,成为振兴秦饼的积极参与者和支持者,为振兴秦饼产业和文化做出了自己应有的贡献,受到业内外人士的尊敬。大家见到他时,几乎都叫他"聂老师",而不称"聂总",这绝不仅仅因为他曾当过中学教师。

赵季军在烘焙业的三级跳

赵季军是陕西烘焙教育的领军人物,他的烘焙教育的经历、学校的规模,以及教育的理念和方法在陕西、在全国都堪称一流,是陕西烘焙业的骄傲。

做烘焙之前的赵季军

我原以为赵季军进城以后就当学徒,做烘焙。其实不然。他1994年走出家乡,走出秦巴山区,走向社会,那时他才十六岁。一个十六岁的小孩能干什么? 他干了很多,而且都干得很好。由于虚心好学、吃苦能干,他到哪都受领导欢迎。他在一家企业从普通员工到负责这个厂的生产只用了七个月时间。赵季军甚至挖过金矿,挣了不少钱,但也差点把命搭进去。

在经过了一年多的打拼后,赵季军尝尽了社会的各种酸辣苦甜,自然也学到了不少人生的知识与经验。他于1995年年底来到一家中外合资的烘焙企业,开始了他的烘焙人生。他从一个对烘焙一窍不通的门外汉到成为这个烘焙企业的车间主任只用了不到八个月时间。在这家企业干了两年多以后,赵季军羽毛已丰满,便跃跃欲试,开始创业。他先在西安土门开了一家烘焙店,摸爬滚打了几年后便又走上一条新的烘焙之路,创立西安亨通烘焙学校,这是2000年的事。从1994年进城,六年后赵季军把事干大了。

我问赵季军:"你怎么想到要办烘焙学校?"他说:"我看到了烘焙业的快速发展,看到了烘焙业人才的重要,当然更看重这个市场,因为西安乃至陕西还没有一所正规的烘焙学校。"

赵季军的三级跳

从进入烘焙业到创立西安亨通烘焙学校,再到2018年跃升为西安食品工程学校,赵季军实现了在烘焙业的几次大的跳跃。这二十年,他的付出和他的收获是呈正比的。二十年,他从一个农村的小青年,一个乳臭未干的毛头小伙成为一个学校的校长,成为全国优秀农民工创业者,到北京开会,进入人民大会堂,受到党和国家领导人的接见。现在的赵季军不但是一个优秀的企业家,还是西安市未央区政协委员、未央区工会副主席。这二十年,经他的学校培养的学生与农民工已超过十万人,这二十年赵季军创造了多项从西安市到陕西省的第一,比如第一个免费培训农民工的学校,最多一年培训了600多人等。

二十年过去了,赵季军的学校也今非昔比,设备更是"鸟枪换炮"。赵季军曾对我说,他们学校的设备在全国的烘焙学校中都是一流的。我怕他吹牛,去学校看了。他没吹牛,是真的,我服他了。如今的西安食品工程学校已站在了中国烘焙教育的最前沿。当然赵季军自然也成了当今中国烘焙教育的领军人物之一。

赵季军的烘焙梦

1977年出生,到2019年,赵季军进入四十二岁的人生。四十岁,一个多么令人向往的年龄。赵季军进入了他人生最辉煌的时期,他要做他人生最好的梦、最大的梦。

季军告诉我,刚刚更名的西安食品工程学校可能又要改名了。到2019年的某个时候要更名为西安食品工程技师学院,从学校到学院,这将又是一级跳,是一级质的跳跃,那时的赵季军已不是校长,而是院长了。

季军告诉我,2019年,西安食品工程技师学院成立后,他要把学院变成四个分院、两个中心、一个园区。四个分院是烘焙学院、咖啡学院、西点学院、红酒品鉴学院,两个中心是农副产品深加工研发中心和检测中心,一个园区是美食文创园。到那个时候,西安食品工程技师学院将成为集教学、研发、文创于一体的观光园、体验园、研学园,成为西安一个新的观光旅游点,成为西安北郊大学园中一个新的亮点,一个休闲食品文化乐园。赵季军已成功走过了二十年。我们有理由相信,他的后二十年人生一定会更精彩,也一定会在自己前行的路上走得更好、更远。我相信,二十年后赵季军一定会成为一个全国烘焙界的明星人物。

好人好饼解领权

解领权,生于礼泉长于礼泉,个不高,人不胖,不黑也不白,不帅也不难看。

十八离家,来到长安,蹬三轮,送面包,送糕点。走街串巷,西安跑遍。跑了三年,再回礼泉,创业心特软,直至今天。

国家名优,陕西名牌,各种荣誉,挂满墙边。

糕点名城,增光添彩。秦式糕点,功莫大焉。

一路走来,路虽艰辛,终成正果。成立心特软,走出礼泉,走出咸阳,走向西安,走向陕西,走向全国。秦饼天下传,盛赞心特软。

创办企业,文化为先,办报刊,建网站,成立秦饼文化研究院,弘扬秦饼文化,始终走在前面。

关爱职工,善待经营伙伴,有钱共挣,有福共享,全国经销商,无不交口赞。

公益为先,支助老残,扶助弱者,关爱青年,社会口碑,无不称赞。

人好心好,大度大气,大爱无边,诚信有加,和蔼待人。所做秦饼,真材实料,香酥味佳,老婆饼样,水晶夹沙,大唐秦饼,水晶饼,沙琪玛。中西合璧,古今交融。产品研发,创新不断。

企业前行,跨行跨界,一业为主,多业发展。做农业,做环保,做酒店,做物流,做早餐,做馅料。企业做大,八方获利,四方受益。

年届五旬,精力不减,礼泉西安,每日往返。新疆海南,足迹踏遍,获取信息,交流经验。南糕北饼,大都尝遍。

历经三十年,百炼成钢,领权领先,心特软不软。祝愿谢总,祝愿心特软,百尺竿头,永远向前。

从另一个角度看聂志宽

聂志宽以自己的名字命名的公司"志宽食品公司"已走过了近三十个年头。近三十年来,志宽公司从小到大,从无到有,从志宽厂到志宽公司,一路颇为顺利,目前已成为陕西一家规模较大的烘焙企业。公司 2012 年被评为陕西十佳烘焙企业。公司和聂志宽个人也取得了从未央区、西安市、陕西省到国家颁发的几十项荣誉,特别是志宽个人更是被评为西安市劳动模范、全国光彩之星个人、陕西省创业导师等十多项荣誉,成为陕西民营企业的一颗明星。

聂志宽,作为一个新闻人物,他的事迹已有了不少的报道,甚至成了中央电视台《新闻联播》的人物。中央电视台已连续四次播放了他和他的企业。陕西电视台、西安电视台、《陕西日报》、《三秦都市报》、《西安日报》、《西安晚报》、《中国食品报》等主流媒体更是连续不断发表他的事迹。我也给聂志宽写过不少文章。回过头来看聂志宽的成功创业,回过头来看他公司的发展经历,我们再重新来审视聂志宽,从新的更高的角度来看聂志宽和他的公司,我们会有一种新的发现,会有一种新的更深刻的认识,把它总结出来,也许会对人们有一种新的启示。

专业、专心、专注

聂志宽从 1992 年进入烘焙业以来,可以说就做了一件事,那就是专做秦式糕点。也可以说他近三十年来,几乎只做了一件产品,那就是做陕西的水晶饼。

烘焙产业从纵向来说,有中式烘焙、西式烘焙;从横向来说有传统产品、现代产品;从地域上讲,全国各地都有地域文化各异的特色产品。比如陕西,就是一个历史悠久、烘焙文化博大精深、烘焙产品名目繁多的烘焙大省。汉唐时期就有胡麻饼、红绫饼,宋代就有水晶饼。聂志宽从一开始就做水晶饼,一做就做了近三十年。

聂志宽对水晶饼、秦式糕饼有着与其他人不一样的感情。他从小就喜欢吃水晶饼,但家中经济条件有限,一年也只能在春节才吃上两块水晶饼。对于水晶饼,他有着太多的向往与感受。参加工作后,他走过不少地方,吃过不少各地的烘焙食品,如京式的、广式的、苏式的等等,但他吃来吃去觉得还是陕西的水晶饼等秦式糕点最好吃。他是长安人,从小就生长在三秦大地上,是土生土长的陕西人,烘焙食品要做就做秦式的、做陕西的。

改革开放后的这四十年,西式糕点、面包、蛋糕十分盛行,不但卖得很好,年轻人都喜欢吃,而且价位也很高。价位高,利润自然就大,别人劝他,西式糕点利润那么高,你又有设备、有技术、有厂房,为什么不做点西式面包和蛋糕? 他说,大家都做,我也不做,坚持做秦式糕点,是我的经营准则,坚守我的产业主线是我一生的追求。

前几年,广式月饼十分盛行,每年的八月十五,几乎成了广式月饼的天下,陕西的十几家大的烘焙企业都在做广式月饼。有的年轻人甚至不知秦式月饼为何物。但是聂志宽始终坚持做陕西的月饼,做传统的秦式月饼。近几年,他在传统月饼的基础上,又对秦式月饼做了许多创新与改良,效果也很好。这几年由于他的坚持,八月十五买秦式月饼的人越来越多,陕西的月饼市场出现了广式月饼销售下降、秦式月饼销售上升的可喜局面。在这种情况下,一些过去只做广式月饼的企业现在也尝试做秦式月饼,而陕北则完全成了秦式老月饼、土月饼的天下。聂志宽先生对秦式糕点的专业、专注,也为陕西烘焙业、为秦式糕点的传承和发展做出了很大的贡献。

做精与做大,规模不等于效益

在志宽公司的简介上,"只求做精,不求做大"八个字特别引人注目。聂志宽在公司简介上是这么说的,在实践中也是这么做的。

到过志宽公司的人可能都有一种感觉,志宽公司规模并不大,产品也不多,产值自然也不会太高。可是志宽公司在未央区、在西安市、在陕西省,乃至在中国烘焙界,却有很高的知名度,是一家明星企业,公司董事长聂志宽个人更是成为陕西民营企业中一颗耀眼的明星,是西安市、陕西省杰出的企业家、青年创业导师等。

一个企业家的成功,并不在于他能把企业做多大、产值有多高、效益有多好,而在于他能否把产品做精、做好,在于他能否把企业管理得井井有条,在于他是否能得到社会的认可、政府的认可,是否能取得经济和社会效益的双丰收,更在于能否成为百年老店。

聂志宽对社会上一些多元化的企业有自己的看法,他认为一个企业只有把一件事、一件产品做精、做好,才是重要的。聂志宽近三十年来只做秦式糕点,只做水晶饼,所以他把秦式糕点做到了极致,把水晶饼做到了极致。食品是给人吃的,讲究的就是质量和口味,讲究的就是特色。在西安,在陕西,做水晶饼的有几十家、上百家,尤其是过年过节时做的人更多。但是说到好吃,大多数人都会说志宽水晶饼好吃,志宽的其他品种也是如此,如桃酥、老蛋糕、粽子、绿豆糕等。志宽公司有许多粉丝,有许多忠实的老客户,他们过年过节时是非志宽食品不买、非志宽公司食品不吃的。我想这是对志宽食品公司和志宽食品最大的褒奖。

一个企业、一个企业家都有着独特的经营理念与文化,从企业文化角度讲,这也叫作老板文化。聂志宽先生的理念和文化也许有点和别人不同,他不追求企业规模,不追求利润最大化,而追求精和高,追求质量的极致。这也是一种企业精神,一种管理之道。当2014年中秋节,聂志宽出现在中央电视台《新闻联播》中的时候,西安、陕西烘焙界,全国烘焙界一些老板都惊呆了,很不理解,全国有那么多烘焙企业家、大烘焙企业家,年产值在几亿、十几亿,但上《新闻联播》的不是他们,而是年产值并不高的聂志宽。我并不感到奇怪,反而认为是一种必然,那就是聂志宽的不求做大、只求做精,是聂志宽的专一和专注,是他近三十年来专心做老百姓喜欢的产品、做大众产品的必然结果。

有一种力量叫文化

说到志宽公司近三十年来发展较为顺利,管理上有无秘诀?聂志宽个人能在公共关系、社会交往方面有一定的影响力,原因是什么?新闻媒体为何十分关注聂志宽?他能不花一分钱经常出现在各类媒体上,连续被中央电视台关注,这其中有无奥妙?这里我们就要提到两个字——文化。

文化是什么?对文化的解释中国和世界的说法有几十种、上百种,但在我看来,文化就是一种"软实力"。

国家的国力分为"硬国力"和"软国力"。硬国力包括国家的经济力、军事力、科技力。软国力则包括国家的文化力、外交力、在国际上的影响力等等。

企业也是如此。企业的竞争力,特别是核心竞争力往往不是企业的硬实力,而是它的软实力。企业实力分为硬实力和软实力。企业的资产同样分为"有形资产"和"无形资产"。有形资产指企业的规模、产值、产品、利润等等,而企业的无形资产就是企业的软实力、文化力,也叫品牌力、影响力。在现实的生活中,有很多企业硬实力很强,软实力却很弱,有形资产很大,无形资产却很小;而相反,有的企业规模虽不大,有形资产不大,但无形资产很大,软实力却很强很硬。在当今网络社会,有个别企业甚至没多少有形资产,有的只是几个人、一个团队,但他们有很强的软实力、文化力、影响力。志宽食品公司就是一个无形资产超过有形资产的公司,他在西安和陕西有很大的影响力,西安的坊上人也是这样一个企业。

对于文化,特别是企业文化,聂志宽有说不完的话,也有很深的感情。对于这一点,长期和他接触交流的我也有很深的体会。聂志宽先生热爱文化、热爱文化人,在聂志宽的朋友圈中,大多是文化人,有的甚至是很有名、很有影响力的文化人,如西北大学教授、博士生导师李刚,西安著名的文化学者、陕西杂文学会会长商子雍,著名诗人党永庵,国家一级作家朱文杰,等等,而聂志宽先生本身就是一个文化人、教师,所以他对文化有着一种难以割舍的感情。聂先生常常说的一句话就是,做企业就是做文化。

在志宽公司,企业文化是一个体系,这一整套的企业文化则完全是在公司经营过程中产生的,而聂志宽先生及时加以整理,有的是聘请专家帮助整理,比如他的企业发展战略、企业经营理念、企业的六个善待、经营管理的四个准则等等。这些都是聂志宽先生在经营管理、企业发展过程中自己积累、创造、总结的。这些是聂志宽先生的企业观、世界观、文化观的充分体现,也是志宽公司的核心竞争力,别的企业是难以学会的。

杨伟鹏的秦饼情结

杨伟鹏,地道的台湾人。十多年前和弟弟杨鸿鹏在西安创立御品轩,专业经营西点。御品轩做得风生水起、风风火火,和米旗一样,成为西安西点经营的领军企业和一面旗帜。

了解杨伟鹏的人知道,经营西点出了名的杨伟鹏骨子里却有着一种挥之不去的秦饼情结。他告诉我,来西安不久,他们就在店里推出了鲜花水晶饼,在春节卖得很好。我告诉杨总,鲜花水晶饼我买过、吃过,很有个性,很有创意,是西安水晶饼的新生代,是创新品种。他还告诉我,御品轩的门店里还有许多中式糕点、秦式糕点,如桃酥等。端午节御品轩和别的烘焙企业一样卖粽子、卖绿豆糕,八月十五中秋节卖广式月饼、秦式月饼。

其实这还不是御品轩的全部,2018 年 7 月,我与杨总有一次长谈,其中心话题就是秦饼。

杨总经理在和我的谈话中有两条主线。一是御品轩在西安、在陕西十多年了,和这里的一山一水、一草一木都建立了深厚的感情,西安已成了御品轩的第二故乡。十多年来,西安人、陕西人、几千万三秦人对御品轩倾注了太多的爱,太多的关注。没有西安,没有陕西,没有三秦人就没有今日的御品轩。滴水之恩当涌泉相报。何况陕西人给了御品轩那么多的恩,那么多的爱。御品轩绝不会忘记西安人、陕西人,一定要为这里的人做一点事,报答这块哺育御品轩成长的土地。

杨伟鹏说,一个企业、一种产品来到一个地方,做到一定程度后,就一定要和当地的文化融于一体,就要与当地的民风、民俗、食风相融合。肯德基是这样,麦当劳是这样,御品轩也是如此。

与杨总经理谈的第二个话题就是秦饼。杨总说,他十多年来虽专注西点,但没少研究秦饼文化,特别是汉唐的饼文化。他发现,汉唐的饼文化博大精深,汉代有太后饼、红油饼、胡麻饼等,唐代的饼就更多。仅唐韦巨源招待唐中宗的"烧尾宴"的五十八道菜中,就有十多种饼,如乾坤夹饼、八方寒食饼、贵妃红、见风消等,另外还有红绫饼、石子馍、千层饼等,发掘、开发这些产品,不但具有很强的文化价值,更对当今的陕西旅游产业有很大的意义。

杨总还告诉我,当年台湾没有一款旅游食品。政府召集有关部门,立足台湾实际,最后研发出凤梨酥,并让各食品企业共同生产,市场全力推广。凤梨酥如今已成为台湾的特产和旅游食品,每年给台湾带来100多亿台币的经济效益和良好的社会效益。陕西也应有一两款这样的产品,这样一款伴手礼,让到陕西、到西安旅游的人都喜欢、都购买。

杨总说,他的企业目前已在企业文化、产品文化上下了很大功夫,特别是建立了一条西点文化长廊,专门介绍西点文化。御品轩已成为集西点生产、销售、体验、旅游、观光的一条龙企业,来此游学的人络绎不绝。他们还准备在公司建设一条秦饼文化长廊,让来御品轩的人也能较系统、较全面地了解秦饼文化,感知秦饼文化的博大精深、悠久历史、厚重文化。我们相信,御品轩在不久的将来也一定会成为一个集秦饼研发、生产、销售、文化展示于一体的大平台。

陈宏魁的故事

在陕西省烘焙协会的几位副会长中，陈宏魁绝对是一个有故事的人，而且很精彩。

不知什么时候陈宏魁剃了个光头，也不知他为什么剃光头。但光头陈宏魁在省烘焙协会内绝对是一个亮点，但他的亮点与光头无关。

付翔、陈康劳、陈宏魁是协会公认的三大活宝。有这三人，协会的会始终在一种幽默与愉快的氛围中进行，他们走到哪里，就把快乐与笑声带到哪里。

宏魁的幽默我研究过，他睿智、文雅、粗中有细、武中有文。他和我谈烘焙，也谈文学，谈陕菜。谈烘焙是因为他做烘焙，而且已做了近三十年。谈文学是因为他和贾平凹是至交。谈陕菜是因为他做过餐饮，他的故乡大荔也是著名的陕菜之乡，是近代陕菜的发源地，同时也是陕商文化的发源地。

生于 1971 年的他，十五岁就出来创业。他属于那种"出来得早，文化少，但挣钱早"的一批人。他的第一个职业是物资回收。宏魁说与现在的收破烂没什么两样，不过是给公家收。他卖过饭，兰州拉面、包子、饺子都卖过，但亏得一塌糊涂。他卖过书，而且最早是卖贾平凹的小说，挣了第一桶金，也因此与这位文学大家结了缘。他卖书时为了省几毛钱的三轮车费，从东六路自己背着书到汽车站。他帮别人端午卖粽子、卖绿豆糕，中秋卖月饼，因此挣了钱，也与烘焙结了缘，从此走上烘焙的阳光之路，一直走到了今天。

大荔是陕商发源地，这里山清水秀、人杰地灵、历史悠久、文化厚重，从明末清初，直至现代都是商贸重镇，也是水晶饼的故乡和发源地。石灰窑的水晶饼和寇准与月饼的传说一直在激励着陕西一代又一代的烘焙人为之奋斗。

大荔历史上就是有名的烘焙之乡,这里历史上有"大兴通""润之斋"等十多家老字号糕饼店。陈宏魁的师父就是大荔一家叫锦华食品店的老工人。

陈宏魁天生与烘焙有缘,也是做烘焙的料。他做餐饮亏了,但在卖兰州拉面的馆子前支了一张床板卖粽子、卖绿豆糕、卖月饼却挣了钱。不但把做餐饮亏了的钱挣了回来,还盈利不少。于是他对做烘焙来了劲,有了兴趣。也是天助宏魁。当时大荔一家做了一辈子糕点的老两口不干了,要转让糕饼厂,他用五千块钱把设备全买了回来,后来注册了公司,秦盛食品从此成为大荔一家响当当的品牌。宏魁也因此当上了大荔企业家协会秘书长,还是大荔人大代表。我采访他的那天,他刚带领大荔一些企业家从广州、深圳参观回来。

陈宏魁的创业是艰辛的,但结果是成功的、胜利的。他的公司、他的产品,尤其是秦盛的杂粮馅料已卖到了全国二十多个省市。

对陈宏魁的创业过程,对秦盛的过去我们值得回味,也有辉煌的历史可供书写,但那不是本文所能承担的。这里我只想写一点秦盛的明天和将来。写一点宏魁对秦式糕点的设想和对公司未来的规划。

最近有一个口号,叫得很响亮、很受捧,叫"中点复兴"。我要为这个口号点赞。对秦饼来说,我们早已走在路上,振兴秦饼、复兴秦饼,我们始终在努力。陕西的大多数知名品牌烘焙企业都在做秦饼,甚至专业做秦饼。陕西省烘焙协会早就成立了秦饼产业促进会,一些企业和专家还成立了秦饼文化研究会。我研究秦饼文化已二十多年,发表了近百万字秦饼文化的研究文章。大荔是秦饼的故乡。历史上有"饼出三辅"之说,而"三辅"是汉京畿所辖关中地区的通称,我以为就是东府的大荔和泾阳、三原一带。水晶饼出在渭南而非他地是有历史渊源的。大荔饼文化深厚,饼品种繁多,红白喜事、春秋夏冬、二十四节气均有各种各样的饼,或自食,或送礼,或祭祀,饼不同,用意不同,吃法也不同。陈宏魁正在整理这些丰富多彩、文化厚重的大荔饼文化、饮食文化、民俗文化、地域文化,而且想尽快把它呈现出来、表现出来,绘成一幅壮丽美观的历史画卷,组成大荔饼文化、民俗文化产业园,集观光、旅游、体验、参与于一体,成为秦文化、秦饼文化的一张亮丽的名片。

当我问到秦盛发展的将来时,宏魁显然有点激动,眼中噙着泪花。他说:"秦盛三十年了,全靠员工,靠那些跟我一起创业的员工。没有他们,哪有秦盛的今天,哪有我的今天?跟我干的许多老工人已是五十多岁的人了。他们的儿女已成了我公司的第二代工人。我感谢他们,感激他们。人要讲良心,讲报答、报恩。我准备对公司进行股份制改造,让老员工、有贡献的员工持有股份,让他们的生活无忧,而且有房有车。我的企业最终要有人接替、接班,但接班人不一定是我的儿女,可能是那些能把企业传承下去、把秦盛文化传承下去的对秦饼文化有很深感情的员工。"

红汇与赵万红

大荔,东府重镇,历史悠久,文化厚重,人杰地灵,水美山不高,美食天下名,古有石子馍,今有红汇酥。大荔是秦商发源地,也是现代陕菜的故乡,著名的大荔带把肘子就诞生于此。

大荔有红汇,红汇的掌门人叫赵万宏。红汇做秦饼,但万宏非秦人,而是河南人,所以万宏身上兼有河南人的睿智与秦人的胆识。

我去过大荔多次,每次去必去红汇,去看万红和他的企业。我认识万宏很早,自认为对他还有所了解。我第一次见到万宏,是在一次烘焙会上,他的发言使我感到这是一个有思想的年轻人,也是一个有文化、有境界的青年企业家。在我做《秦商》杂志时专门去采访过他两次,每次去,每次谈话,都给我留下了很深的印象。

红汇表面看,是经营企业、经营产品,实际上赵万宏始终在经营一种理念、一种文化。

近日有人去大荔红汇,发现今日之红汇已不是昨日之红汇。它把体验式、参与式、公关式营销运用得如鱼得水,整个红汇已成为一个体验式的游学基地。红汇正在开始一场体验式的管理与营销的革命。

参加陕西省烘焙协会二十年了,每次参会我都发现万宏的发言语出惊人、火花四射、有思想、有深度、有高度、有亮点。在 2018 年召开的月饼总结会上,他发言二十分钟,台下竟鼓掌十次,平均两分钟鼓一次掌,连从北京和河南来的烘焙专家也对他刮目相看。

记得万宏给我讲过他对企业文化、品牌、价值观的理解。他说,对企业来说,品牌固然重要,但品牌的树立不是企业的最终目的,价值观的形成才是企业的最终追求。但是当一个企业连最基础的品牌影响力都没有时,它是谈不到企业价值观的。我问他,什么是品牌?他说品牌的一半是文化,一个没文化的企业是做不长的。全聚德、稻香村、楼外楼等之所以能成为百年老店,就是其后有深厚的企业文化,有企业核心竞争力和价值观。

正因为如此,红汇和赵万宏在企业管理、市场营销、产品创新等方面无不体现着一种文化。红汇的企业文化是深入人心的,而不是表象的。这种文化的核心是老板文化,是赵万宏对自己有一套严格的文化自律。有了文化自律,才能有文化自信。赵万宏还年轻,我期待他在企业文化建设上能有更多的突破和创新,把红汇越做越好。

付翔小记

我是先认识炉馍,后认识付翔的。记得是大约二十年前,在一次东西部贸易洽谈会上,付翔有一个展位,展示炉馍。我走到展位前,一个工作人员让我尝了一小块炉馍。当时我真的不知炉馍为何物。我尝了尝,很好吃,皮酥馅香,馅料是枣泥。吃完买了几个回家让老伴和儿子尝,他们都说好吃。

吃完了买回来的五个炉馍,上小学的儿子还要吃。于是我按照包装袋上的电话打到定边,好像是付翔接的电话,满口陕北话,但我还是听懂了。他说他派人给我送一盒。没过两天,一个人给我送来一盒,里边装了十个炉馍。我给钱这个人不要,说是公司老总送给我的。我当时还不知付翔与炉馍是什么关系,更不知付翔是谁。这一切付翔可能已不记得,但我记得。

后来我才知道,我在水产公司上班时,西七路的八路军办事处就有炉馍卖,那是付翔最早在西安的销售处。

吃了炉馍,爱上炉馍,以后我还买过多次。我还写过一篇文章发表在《中国食品报》上,题目好像是《炉馍,是点心还是月饼》,这是我调到西安饮食公司以后的事。

炉馍是榆林定边等地的一种食品,一种特产。付翔把炉馍冠上自己的名字,把这个产品做起来了,而且做大了、做强了,并带动了该县几十家大大小小的公司做炉馍,还成立了炉馍协会,付翔自然是会长,成了炉馍王。我想付翔对于陕北炉馍来说,应该是有功之臣。他把炉馍从一个外地人不知为何物的小食品做成了大产业,卖到全国,卖到国外。对于定边人来说,付翔功莫大焉,人们应该感谢他。

后来我参加了烘焙协会,大家还推举我当了协会副会长,主管烘焙文化方面的事。既然挂了个名，就应做点事，同时鉴于付翔对炉馍的一往情深，鉴于炉馍本身深厚的文化，我把韩养民、李刚、阎建滨等一些著名学者、专家请到定边，开了一次炉馍文化研讨会，从历史、文化、民俗等角度探讨了炉馍的历史与当代，也算是尽了一点我对炉馍热爱的心。以后我陆续去了神木、延安等地，逐步了解了陕北的烘焙文化，了解了长青、东太、老琪麦等一些知名企业。

　　付翔在陕西烘焙界小有名气，一方面是他把炉馍卖出了名；二是他在烘焙协会是一个很活跃的人，和红星软香酥的陈康劳、大荔秦盛的陈宏魁被称为协会三大活跃人物。付翔不只会卖炉馍，还会写诗、唱歌，特别会唱陕北民歌，而且和媳妇一起唱。他诗也写得好，很有生活感，很有韵味，大家都很喜欢。

行走在传统与现代的交汇点上

——记陕西一麦食品创始人毛红卫

　　当了五年兵,而且是海军,经过五年海风大浪的冲击,毛红卫一身硬气,身上有一股血性,艰毅,敢闯,不人云亦云,不走别人走过的路。毛红卫从部队复员回到咸阳,政府分配了工作,但他硬是不去,选择了自己创业,爱上了烘焙。从20世纪90年代开始,陕西一麦已成为咸阳乃至陕西一家知名的现代烘焙企业,毛红卫在行业里也是崭露头角,令人刮目相看。毛红卫以一个军人特有的坚韧与睿智,走在传统与现代的交汇点上,他做传统的、历史的、文化的中式糕点、秦式糕点,而且要做百年老店。"毛记香传"已在咸阳和西安开了三家店。"糕村""一脉相传"两个商标也将陆续启用。一个投资近亿,将现代与周秦汉唐传统建筑风格相结合,集研发、生产、体验、游学、观光为一体的大型园林式的现代化的烘焙产业园也将在不久的将来屹立在位于西咸新区的秦汉新城。

　　毛红卫最初做面包、西式蛋糕等西点,自己开门市,也进超市。在做的过程中,产品逐渐转向中式糕点、秦式糕点。有一句话叫作"越是传统的,越是世界的",毛红卫深谙此道。他告诉我,从周到秦,从汉到唐,再到宋明,到民国,陕西历史上留下了数以百计的传统糕饼。这些糕饼历史悠久、文化深厚、品种繁多、风味独特,尤其难能可贵的是,这些糕饼的背后几乎都有一个美丽的传说和故事。这些是祖先留给我们的宝贵财富,也是文化遗产,我们一定要挖掘、传承。早在十多年前,他就和西饮集团联合开发了红绫饼、九子粽、胡麻饼等。

　　毛红卫告诉我,弘扬传统,绝不是照搬,也无法照搬,因为我们无法穿越到汉唐,看太后饼是什么样,尝红绫饼是什么味。我们只能依历史资料照猫画虎,取其意,想其形。更重要的是把历史上的秦式糕点用现代手段、现代工艺做给现代人看,给现代人吃,特别是要让现代年轻人喜欢,受他们的青睐。这就要传统新做、中点西做,把古代文明与现代文化相结合,把传统与现代相结合,寻找到一种传统与现代的交汇点、融合点,让传统为现代服务。可喜的是毛红卫和他的一麦公司已为此奋斗了十多年,研发了几十种新中式、新秦式糕点。我在一麦公司参观过,在"毛记香传"看过,也尝过他们的产品,听过毛总对今后的设想,看过他绘制的宏伟蓝图,使我这个研究了二十多年秦饼文化的七十岁的老头子深为震惊,也深感敬畏。当然我更多的感受是好像找到了知音。一方面我们同是复员军人、转业干部,且一个是海军,一个是空军,我们似乎有点相见恨晚;更重要的是我研究秦饼文化,总在想能在某一天将这些历史上的传统糕点、文化糕饼重新复制,呈现于当代。毛红卫似乎了解我在想什么,而且走在了我的前面。

在参观一麦公司过程中,我深深感受到一种文化,一种厚重的文化,这种文化是历史的,也是现代的,是企业文化,同时也是毛红卫个人的老板文化。这种文化支撑着一麦,也支撑着毛红卫在饮食文化的道路上前行迈进。红卫告诉我是文化指引着他的公司,也是文化成就了他的公司。他深知一个没有文化的企业是走不了多远的。

把传统用现代形式表现出来,让历史回归今天,让现代人吃到周秦汉唐,让传统的、历史的饮食文化、糕饼文化在改革开放的新时代大放异彩,让秦饼走向全国,走向一带一路,这是毛红卫的伟大设想,也是全体秦饼人的设想。当今盛世,天时、地利、人和,抓住际遇,振兴秦饼文化,毛红卫走在路上,也一定能越走越好、越走越远。

打造延安第一烘焙品牌

——记延安嘉乐食品公司董事长黄燕

在陕西烘焙界,有不少杰出的女烘焙企业家,延安嘉乐食品公司的董事长黄燕便是其中一位。

延安窑洞里走出的女企业家

认识黄燕是在一次陕西省烘焙协会的会议上,当时我还不认识她,后来才知道她是延安嘉乐食品公司的董事长。这位年轻漂亮的女企业家成了当时会上的一道亮丽的风景线。

第二天,我又和她与陕西省烘焙协会常务副会长张鉴先生去了一趟礼泉,参观了红星软香酥、心特软等烘焙企业;当时也才知道她的企业成立不久,企业规模不大,产品也不多,产量不高。她参观学习的目的是想把自己的企业做大做强,使其成为延安烘焙企业的第一品牌。

就在这不久后的第二年,我去榆林神木一家公司考察,回西安途中路过延安,她热情地接待了我。我参观了她的公司,看了她们的产品。这时我发现她的企业确实不大,而且还是窑洞式的厂房,产品也不多,只做一些简单的中西式烘焙产品。当时中国烘焙杂志社的总编赵世春还曾给她写过一篇文章——《延安窑洞里的烘焙企业》。

尽管企业不大,又处在窑洞里,但从和黄燕的谈话中可以听出,她有许多梦想,有很多很好的想法,特别是她想把延安的一些传统烘焙食品工业化,把企业做大做强;想利用延安丰富的烘焙原副材料,如大枣、各种杂粮等生产出更多的烘焙产品;更想使自己的企业走出窑洞,走出延安,走向全国;

特别是想像西安的米旗公司一样，成为本地区即延安的第一烘焙品牌。

时隔一年，我为榆林定边的炉馍策划了一次"炉馍文化研讨会"。开会前后，由于路过延安，我再次参观了延安嘉乐食品公司，发现企业虽然还在窑洞里，但规模扩大了，产品多了，有了自己的销售队伍，产品也销售到了西安、山西、内蒙古等省市，成为延安最大的烘焙企业，成为延安真正的第一烘焙品牌。

"果馅"与"硬壳月饼"的创新与发展

延安是革命圣地，是红色文化的发源地。延安人用南瓜、小米等五谷杂粮帮助毛泽东打败了日本人，打败了蒋介石，成立了中华人民共和国，使延安成为全国人民向往的革命圣地。

与其同时，延安人祖祖辈辈生活在这块神圣的土地上，也创造出了与外地不同，完全具有本地特色的延安饮食文化、食品文化，尤其是烘焙文化。延安"果馅"与"硬壳月饼""雪花酥"便是其中的主要产品。

榆林、延安各地县都有自己的烘焙产品。当定边的付翔把炉馍做成了产品、做成了产业、走出定边、走出榆林时，黄燕和她的爱人也怀揣着一个梦想，那就是想把"果馅"像"炉馍"一样做起来，走出延安，走出陕北，这一点他们很快就实现了。

"果馅"可以说是延安家家户户都能做的一种食品，但是这种食品千百年来都是家庭手工制作，是自己做自己吃，有的家庭虽然也卖一点，但产量有限，成不了气候。"果馅"好吃，也有很大的市场空间。干练果断的黄燕看到了这点，她说干就干，很快就生产出产品，而且在原产品上有了很大的创新和改进。比如原来的馅料只有枣泥，后来她大胆地加进五仁和各种杂粮，使延安的果馅吃出了新的味道。延安的硬壳月饼也是如此，经过他们的创新和发展，也都有了新的变化。

产品出来了，但还要好的包装，特别是要有好的营销。果馅和硬壳月饼过去是现做现卖，但嘉乐公司生产的果馅和硬壳月饼，都有了新的包装，这种包装充分体现了延安红色文化和传统食品文化的结合，为了做好营销和市场,他们给产品设计了一个很好的品牌"东太",意即东方的太阳。他们还组织了强有力的销售队伍,完全按照现代营销的思路去运行,很快使产品走向了市场,出现在延安的几个大商场。一位延安人告诉我,嘉乐公司能把果馅送进商场销售,这本身就很有意义,很有创新,相信他们一定能把产品做大做强。与此同时他们还在延安的繁华地段打出了广告,如今"东太"的品牌在延安已有了一定的知名度。

诚实是一种美德

在黄燕身上,现在已有不少荣誉,有区级的,有延安市的,更有省级的。这些荣誉的取得,不但是嘉乐食品公司不断发展的结果,更是黄燕个人的品德、人格、价值取向的必然结果。

黄燕个子不高,身材纤细弱小,但她骨子里却透着一股正气。这种正气的本质是善良、正直和诚实,是对现今人和社会的爱。

诚实是一种美德,善良是一种文化。一个具有诚实和善良品质的企业家,在自己企业发展的轨迹上必然会打上深深的烙印。黄燕曾告诉过我,做企业,特别是做食品企业实际上是在做人、做良心,食品企业也是良心企业。延安嘉乐食品公司的发展从一开始就秉持着黄燕的一种理念:"老老实实做人,本本分分做事,诚诚实实做饼",不论是做产品还是做销售,都不能掺半点假。嘉乐食品公司成立二十多年来,产品的生产和质量始终是黄燕亲自掌控和把关的,也从来没出现过任何问题。特别是在近几年,社会上不断出现食品安全事件,黄燕更是给自己给企业不断敲警钟,决不能在食品质量和安全上要小聪明。食品质量的好坏最关键的是在食品原料的把控上。嘉乐食品公司始终坚持用最好的原辅材料,做最好的产品。嘉乐食品公司的许多食品原料坚持用延安当地的原辅材料;有的原材料当地没有,就高价买回最好的原材料。

品牌梦的实践与追求

黄燕做烘焙、做产品的过程,始终是在追求做一个文化含金量很高,特别是具有一定地域文化特色的企业品牌或产品品牌,为此她不断执着的追求着。

过去由于企业规模小,品牌张力不够,她认为主要工作是为品牌建设打基础、做准备。2015年嘉乐食品公司已搬进了新的厂房,建立了新的生产基地,厂房大了,工人多了,生产设备先进了,这时与企业规模相适应的是要有一套完全适应和符合企业实际的企业文化架构和企业文化,为此她已开始做了大量的准备工作。

黄燕告诉我,品牌的一半是文化,而企业文化又包括多个层面,如产品文化、员工文化、老板文化、管理文化、企业发展理念、企业的价值取向等等。但从嘉乐食品公司的实际看,不能走得太快,不能追求表面的虚假的文化,那对企业是毫无意义的。在现阶段她认为产品文化和员工文化是最重要的两个元素,是企业最重要最基本的元素。首先,在产品文化上,她要打造以"延安果馅为代表的产品文化",把它打造成具有浓郁的延安地方特色的产品。尽管在延安生产果馅的企业很多,但她最终要把果馅打造成延安烘焙产业的第一品牌,使它成为延安果馅的领导品牌,使人们一想到延安的果馅,首先就想到嘉乐食品公司的"东太"牌果馅。第二要做好员工文化。员工是企业的生命,是企业发展的第一要素。所谓员工文化最重要的是员工要和企业融为一体,要热爱企业、关心企业,敢于、善于创新。但要做到这一点首先是企业要善待员工、爱护员工、关心员工。在这一点上,嘉乐食品公司已有良好的基础,再用两到三年的时间建立起企业的基本文化架构,使嘉乐食品公司成为一家大型的现代化的、有文化的烘焙企业,是完全能够做到的。

何达乘印象

何达乘，生于南，长于北，但少有北方人、长安人之粗犷，多有南方人之纤细与精明；人不高，也不胖，言语和风细雨、不急不躁，却满腹经纶、言之有道。

与兄达行，共创麦里金。麦之谓者，麦里含金。共做烘焙，共造糕饼。糕饼之意，南为糕，北为饼，方为糕，圆为饼。何总生于南，长于北，糕饼文化，一身兼之，既做糕，也为饼；既做西，又做中，南北东西，皆而有之，对于秦饼，更深一层，更多感情。

身在商界，重文重学。国学之礼，烂熟于心，三字经，弟子规，概能倒背。做人与做事，尽皆有道。道之谓者，诚也，信也。钱可没有，诚信不能丢。营商三十年，步步向上，越做越大，越做越强，皆因文化，诚信至上。

佛学之本，在于人心。何总信佛、吃斋，皆因为做人。佛之道，用于企；国之学，用于人。管理之道，营销之妙，皆因何之活学与活用。

烘焙行业，多有高人。何不算高，但为智。智者，不与人争，不与人比，各做各的事，各走各的路。与业同行，和平共处，共享共荣。

国之学者，佛之信徒。业界有望，行之有名。麦里有金，达者乘胜。

半个老陕杨苏达

让秦饼走出去、走向全国是这几年陕西省烘焙协会提出的一个口号。作为一个原辅材料供应商，杨苏达则提出"让秦饼走出去，先从秦饼馅料开始"的口号，并且亲力亲为，为此开始了一次推广秦饼馅料的万里长征。

陕西许多大的秦饼企业在做秦饼的同时也做秦饼馅料，多数自用，虽有向外销售，但大多只在陕西省内销售。

杨苏达很早就意识到，秦饼馅料很有特点，它以陕西的名优特产为原料，如陕南的核桃，陕北的枣，关中的苹果、猕猴桃，以及陕北的各种豆类、杂粮。这些经过加工而成的馅料，不但好吃，而且具有丰富的营养，应该有很大的市场前景。于是他下决心将这些馅料推向全国。

半个老陕

杨苏达是浙江青田人。我把他称为"半个陕西人"，不只因为他在陕西工作时间长，还因为他对陕西这块土地以及陕西人有太多的爱、太深的感情。

认识这个浙江小伙子也快二十年了。他从浙江青田走出来，跟随家族先后在内蒙古、河南、山东、陕西从事食品加工。其间还上过嵩山少林寺，不是去当和尚，而是学武术。为什么学武术？因为他生意好遭人嫉妒，经常被别人打，他要自卫，自卫就要有功夫。他目前五十多岁的人了，还经常伸胳膊踢腿，打几下在少林寺学过的拳。

1994 年，在离开家乡七年后，他终于找到一个可以让自己安身立业的地方，这就是陕西，就是西安，在这里他一干就是二十五年。二十五年，人生有几个二十五年！他把自己的一切交给了这块神圣的土地，凭借他多年对食品行业的敏锐观察，在这里他从食品加工走向食品包装加工，再走向做烘焙原辅料代理推广之路。

在这里我特别要提一下，杨苏达中间办过一个食品公司，叫"狼十三"，名字是我和苏达等人一块商量的。为什么叫狼十三？就是要做秦饼，做秦式馅料。狼十三，一个多么富有秦人豪气的名字。狼十三虽是一次失败的尝试，但更坚定了他要在秦饼馅料上走一次万里长征的决心。

万里长征

杨苏达为了使秦式馅料走向全国，他从2014年开始了一次万里长征。对于这次万里长征，杨苏达向我做了详细介绍。我听了先是激动，后是感动，最后变成敬畏，以至于流泪。男儿有泪不轻弹，我这个快七十岁的老头儿为什么会掉泪，请看以下几个数据。

从2014年12月开始，到2018年5月结束，杨苏达用42个月时间跑遍了祖国大江南北推广秦式馅料，铁路行程75 053千米，公路行程58 317千米，航空行程36 499千米，水路行程67千米，城市道路由于市内交通工具多样性没有记录详细数据；42个月时间拜访了236个地级市，收集客户资料3215户，拉杆箱、行李包损坏21个，鞋损坏14双，累计成交客户436户，分布于全国21个省、5个自治区、4个直辖市，打破了陕西食品馅料销售不到南方、销售不到全国的魔咒，积极促进陕西食品馅料走向全国，也为秦饼走向全国打下了良好基础。

毛泽东主席在《纪念白求恩》一文里写道："白求恩不远万里，来到中国……一个外国人，毫无利己的动机，把中国人民的解放事业当作他自己的事业，这是什么精神？这是国际主义的精神，这是共产主义的精神。"把毛主席这段话，用在杨苏达身上同样适用：一个浙江青田人，千里迢迢来到陕西，推广秦式馅料，这是什么精神？是气壮山河、惊天地、泣鬼神的精神，是浙商精神，是当今我们所需要的创业精神。

杨苏达是一个有理想、有思想、有抱负的人，这一点我很早就了解，也一直在关注他。但他的毅力是如此之强,勇气是如此之大,有这样顽强拼搏的精神我是始料不及的。杨苏达,应是浙商的优秀代表,同时也是陕商学习的榜样。在这里我代表秦人向杨苏达这个浙江人表示最崇高的敬意。

张新生:秦饼文化传播者

张新生,生在新疆,故名新生,但却与西安这座古城有着太多的关联。

张新生24岁考入陕西师范大学,学习历史专业,毕业后却去做水处理,成立了陕西大地水处理公司,做得风生水起。我就是在那时认识他的,但他却突然玩起了"失踪"。十多年后的2018年末,当年同是好友的西安市高新区《开发区报道》副社长许若青来电话说,张新生从俄罗斯回来了,今晚要见我们。那晚,我们相逢见面,有说不完的话,道不完的情。他给我们喝了从俄罗斯带回来的茶,吃了从俄罗斯带回来的提拉米苏蛋糕。作为陕西烘焙协会的副会长,我不知吃了多少蛋糕,但新生从俄罗斯带回来的提拉米苏是我吃过最好的蛋糕。

作为见面礼,我送了他一本我刚出的新书《陕人陕菜》,并说其姊妹书《秦人秦饼》也将很快出版。

一说秦饼,张新生来了劲,说他最喜欢吃西安的水晶饼,特喜欢志宽水晶饼,喜欢心特软的老婆饼,回来一定要买、要吃,而且还要带到俄罗斯去。

十三年前,张新生离开古城西安,只身来到俄罗斯,在莫斯科旁的一个小城扎下根,做起农业,做起养殖种植,和农业结了缘,而且做得很好、很大。后来他被杨凌农业示范区看中,成了杨凌在俄罗斯的农业代表,兼做中俄之间的文化、经贸交流和贸易,他在杨凌也有自己的公司。

爱吃秦饼、对秦饼文化有很深情结的张新生听说心特软在杨凌还有一个公司时,一定要我带他去参观一下。2019年元月8日,我们参观了心特软杨凌公司,并和公司总经理解领琪做了很深的交谈,后又赶到礼泉的心特软总部,见了心特软公司创始人解领权。解总带我们参观了公司生产线,介绍了公司的创业史和现在的发展。张新生听了感慨不已,说心特软是他看到的最现代化的烘焙企业,特别是杨凌公司的生产设备之现代化、自动化令他称奇,回来后他在微信朋友圈中大加赞赏。临走时解领权董事长送了他不少产品,张新生说一定带回俄罗斯,让俄罗斯人也尝尝中国的、陕西的糕点。当然他们也谈了今后的合作意向,如张新生把俄罗斯的油和面运到陕西,让解总用俄罗斯的面和油做秦饼,他又把秦饼卖到俄罗斯,把秦饼文化传到国外,传向世界。

从心特软回来不久,我带他参观了志宽食品公司,吃了他十三年没吃过的志宽水晶饼,还尝了志宽近年来新研发的长安饼等,他吃得高兴,吃得激动,一再称赞陕西的烘焙业、秦饼产业发展得好、发展得快。他特别欣赏陕西秦饼企业的文化做得好。不论是心特软的"诚做实在人,精制放心饼",还是志宽的"先做人,后做饼",他都给予了很高的评价。他还说,一个没有文化的企业是做不长久的,而心特软、志宽食品等一大批秦饼企业能做得这么好、这么大,就是因为他们注重企业文化,而秦饼本身也有厚重的文化。他还谦虚地说,在自己今后的企业发展中,也要向陕西的秦饼企业学习,让企业有文化、有担当,不论俄罗斯的企业还是自己在国内的企业都要有文化。

同样,志宽老师送了张新生不少水晶饼、长安老式蛋糕等,而张新生也向心特软和志宽送了俄罗斯的提拉米苏。张新生说,这一生我可能不会做秦式糕点了,但我爱吃秦饼、爱秦饼文化、向国外传播秦饼文化是不会变的。他也期待我的《秦人秦饼》一书早日问世。

有模有样话薛勇

薛勇是个奇人。我们认识得早,我还去过他在长安的老家,吃过他种的葡萄。有一件事,使我对他刮目相看。

薛勇是个奇人,奇在哪?他会画画,会写字,还会作诗赋词。他懂历史,更爱收藏。据说他收藏的灯具无数,且收藏面极广,但这些都与我无关。我感兴趣的是他收藏了一千多件各式月饼模子。

我曾经业余研究月饼,后转入专业研究月饼文化、烘焙文化,当过陕西省烘焙协会副会长,老了当了顾问,但仍兼着陕西省烘焙协会烘焙文化专业委员会主任的头衔。

"带帽子"就得做事,当得知薛勇收藏了一千多件月饼模子时,我就感到我有文化可做了。

我问薛勇:"你当初是怎么想起收藏月饼模子的?"薛勇说:"小时候最爱吃南院门'天香村'的点心,特别是母亲八月十五时给他做的月饼,那个香啊,那个甜呀,就别提了。"

薛勇反问我:"你是怎么喜欢上月饼,还成了月饼文化专家的?"我说:"和你一样,也是从小爱吃月饼,特别爱吃母亲做的月饼。薛勇,咱俩是同类项,可以合并,所以就成了朋友。"

我喜欢吃月饼、水晶饼,喜欢秦饼,二十多年来写了几百篇秦饼文化的文章。但薛勇的成就比我大,他收集了一千多件月饼模子,从明清时到改革开放前,跨越几百年。不但有秦式月饼模子,还有广式、苏式、京式、晋式、鲁式、哈式(黑龙江),有台湾的、香港的、澳门的,全国各地的几乎都有。

月饼是一种文化,月饼模子更是月饼之母,没有月饼模子就做不出月饼。月饼文化充其量是一种吃文化,最早是祭祀文化,后来与节庆文化有关。但月饼模子的文化就多了,就太深厚了,薛勇一口气给我说了十多个,什么雕刻文化、木文化、绘画文化、民俗文化、地域文化、龙文化、偶像文化、崇拜文化、情感文化等等。他收集月饼模子,也研究相关文化,所以薛勇是个大文化人。我年龄比薛勇大,但文化程度没他高。

薛勇告诉我,月饼模子最早可追溯到宋,但辉煌于清到民国。当然月饼的出现就更早。月饼的最早形态是唐时的胡麻饼,但胡麻饼汉时就有,唐时达到高峰。

到宋时,出现了月饼模子,而且出现了带馅的月饼。苏东坡有诗"小饼如嚼月,中有酥和饴",就是说月饼中已经有馅了。当然要追究,唐时已有带馅的饼,如盂兰饼馅等。

月饼模子的出现,是月饼文化的升华,也是一种固化。它把月饼文化用一种模具记载下来,让它留芳百年,永远印在历史的长河中。

薛勇先生人好,兴趣广泛。他还是个美食家,爱吃爱喝。我也被人称为美食家,常与朋友在一起吃吃喝喝。但我是只吃不喝,他是连吃带喝,充分表现出中国的饮食文化。他的酒量了得,半斤是常态,八两不奇怪,没见过他醉过。即使喝多了他也能把控自己,优雅地离开;就算吹牛,也顶多说到他那些收藏,哪些东西是别人没有的,甚至是世界稀有的。其实薛勇一点也没吹。他是一个杂家,也是一个大家,是我敬仰的人之一。

石头记

　　长篇古典小说《红楼梦》的一个别名叫《石头记》。但这石头不是那石头,这石头记也不是那石头记。东北有个歌唱得很好,在歌唱界很有名的光头小伙也叫石头。但这里我写的是一个也会唱歌,唱得不怎么好,但做企业却有了名气的年轻企业家——陕西骅康食品公司总经理石东升,外号石头。

　　骅康食品有限公司是做什么的? 是一家做烘焙馅料的专业公司。其品牌"春花牌"已成为全国烘焙行业著名的馅料品牌。外人也许不知,春花品牌是石东升父母创立的,"春花"二字就是石头母亲的名字。可见当年父母亲为这个品牌倾注了多少心血和希望。让父母欣慰的是这个品牌让儿子做大做强了。

　　陕西烘焙界藏龙卧虎、人才济济、英才辈出,石东升是其一。陕西烘焙协会每年有几次大会,在会上我总发现有一个小伙讲起话来头头是道,有逻辑、有理论、懂管理、善营销,对行业熟悉,对企业发展信心满满。后来才知他就是骅康食品公司的总经理,外号叫石头的石东升。后来还知道他毕业于新西兰奥克兰大学工商管理专业,是一个海归。

　　把父母创办的春花食品厂发展为今天的骅康食品有限公司,从小厂到大公司,从小品牌到知名品牌,这是一种历练,是一个过程,更是一种提升与巨变。这凝结了一种感情,即一定要把父母创办的企业做大做强,更有一种智慧与勇气,这一切石头都做到了。

　　石头紧紧抓住品牌不放,没有品牌,企业就没有动力。但品牌是什么?品牌是企业的魂,而品牌的一半又是文化。石头在抓企业上,扭住龙头不放,就是抓住企业文化不放。抓企业文化,首先老板要有文化,这个文化就是企业怎么做，做什么样的企业。石头给自己和企业定了一个天大的规则，那就是"老老实实做人，诚诚实实做事"，做一个像西安城墙那样靠谱靠得住的人。

石头告诉我，这个理念实际上是父母传给他的，而父母也正是这么做的，自己无非就是把它总结出来挂在办公室，贴到墙上，时时刻刻记着，在生活和工作中实践着。

石头还告诉我，对于品牌，他的理解有三度，首先是知名度，其次是美誉度，最后是忠诚度。知名度的提高不难，难的是美誉度，就是说消费者要认知你这个企业，认知你的产品，愿意买你的产品。更难的是忠诚度，就是长期认知你的企业，购买你的产品。骅康公司最终就是要做成这样的企业。

石头在学校学的是工商管理，但他的父母告诉他，对一个企业来说，不只要有现代化的管理、有科学的规章制度，更要有一种精神与境界，有一种力量与追求，那就是中国国学所倡导的"诚"和"信"。

石头认为，做馅料实际上是为烘焙企业做服务、做后勤、做保障。这一切决定了馅料生产企业不只要做好产品，更要做好服务，当好烘焙企业的好后勤。在这一点上，石东升有自己独到的见解。他说，要把自己的产品卖给别人，在众多的产品中，让客户选择自己的产品，实际上首先要让客户认识你这个人，选择你这个人，认知你的人品，愿意和你打交道，和你交朋友。而石东升做人做事的理念、做企业的理念就是"老老实实做人，踏踏实实做事"。我问过许多烘焙企业的老板，问他们为什么买馅料选择春花，他们几乎众口一词地说，他们是从认识石头这个人开始的，小伙儿人好、心诚、有文化、有人品，他们自然相信他。

石头的人品给自己，也给企业带来了巨大的声誉。声誉是什么？声誉是一笔巨大的无形资产，是企业的核心竞争力，别人学不到、拿不走。而这个巨大的无形资产不但使骅康有很高的品牌知名度，更有了品牌美誉度和品牌忠诚度。对企业来说，品牌忠诚度才是最重要的。

河南人杨勃军

杨勃军,自称杨老邪,河南人。因他与秦饼结下不解之缘,所以我写他。

认识杨勃军是在礼泉心特软公司开的一次烘焙会上,陕西省烘焙行业协会名誉会长张鉴把他介绍给我。

对杨勃军有兴趣的原因有二:一是他给米旗做"唐食演义";二是他在会上做了一个"中点复兴"的报告,讲得还挺好。

中点复兴的口号现在提出来正当其时,天时、地利、人和,所以一提出便在业界反响强烈,得到很好的呼应。

陕西在秦饼复兴上应是做得最早,也最好的地区。不但有一大批中式糕点企业在做秦饼,就连米旗、安旗、麦里金这些西点企业,还有台湾的御品轩等都在做秦饼。杨勃军从河南来陕西,从郑州到西安,帮助陕西的烘焙业做秦饼,说明他对三秦大地有感情,说明他对秦饼有了解,否则他不敢接这个活。

唐食演义在吉祥村一商业综合体出现后我去过多次,尝了产品,尝了水晶饼,也尝了一些创新的秦饼。我认为他把传统与现代相结合,走创新秦饼之路,让现代年轻人也喜欢秦饼,这条路是走对了。看了他的设计,发现他对周秦汉唐的理解,特别是对唐文化的理解还是十分到位的。

唐是诗的世界,也是饼的世界、吃的世界。唐太宗、唐高宗、唐中宗、唐玄宗、唐昭宗、杨贵妃这些唐朝的皇帝和妃子们都喜欢吃饼,所以唐朝也多饼。有宫廷的,如千层饼、贵妃红、红绫饼等;民间有胡麻饼、各种胡饼等。唐白居易等诗人也爱写饼。这样,大唐真的成了饼的世界,像唐诗一样,我们至今无法超越。连"烧尾宴"中的一款油浴饼,也叫"见风消",是个什么样子也搞不清。江苏的烘焙文化研究专家和陕西的饮食文化研究专家还为此打嘴杖。因为陕西人说"见风消"就是今日陕西人爱吃的泡泡油糕。而江苏人说不是,"见风消"是一种花,像蒲公英什么的。

我继《秦人秦饼》之后还要出一本书,叫《品味汉唐》。如果说《陕人陕菜》《秦人秦饼》还有点地域性的话,那么,《品味汉唐》就打破了地域性。因为汉唐文化、汉唐饮食文化不仅是陕西的,也是中国的,更是世界的。杨勃军先生从豫到秦,做汉唐饮食文化、烘焙文化也正是看准了这一点。汉唐饮食文化有很强的生命力与影响力。中国的许多酒在做汉唐文化、打汉唐牌,都大获成功。目前正当中点复兴之时,杨勃军打汉唐饼文化、烘焙文化之牌,不但很具眼力,也必将大有市场,大获成功。

我眼中的杨霖

杨霖何许人也？一个地地道道的烘焙人。他做西点，做欧式面包，也做中点，更做中点中的秦式糕点。

但杨霖又不完全是烘焙人，他是烘焙业的指路人、策划人、文化人，是烘焙行业的专家、学者型的人物。

也许有人会说，你是否把杨霖写得太好、抬得太高了？我说没有，因为我了解他，了解他的过去，也了解他的现在，更知道杨霖的未来。

一般来讲，做策划的不做实业，做文化的不做产品；做中点的不做西点，做传统的不做现代。但在杨霖身上，他集这些为一身，是策划专家，又是企业家；是文化人、学者，又做产品；做西点，又做中点，当然更重要的是做秦式糕点。因为他本身就是秦人，双脚有力地踏在秦人的土地上。

杨霖是陕西百年老店德懋恭的有功之臣。当德懋恭这个百年老店在改革开放的大潮中稍显不适时，杨霖出现了。他走进了德懋恭，帮助了德懋恭，使这个百年老店又焕发了青春，跟上了时代发展的步伐，使德懋恭的水晶饼又进入了西安人的视线。其间，杨霖和他的公司对德懋恭倾注了大量心血，对企业和产品进行了全方位、立体式的改造与重建，特别是在德懋恭的企业文化、产品文化上下了大功夫，进行了新定位，使企业得到了大提升。

在帮助德懋恭的同时，杨霖自己深深爱上了这个行业，爱上了烘焙，爱上了秦饼。他说，要知梨子的滋味就得亲口尝。为了了解这个行业，为了帮企业做得更好，他下决心自己做产品、开门店，做西式糕点，也做中式糕点；做传统，也做创新。他一做就停不下来，店越开越多，越开越大，自己做的同时也帮别人做。

杨霖告诉我,他对烘焙行业的理解,对这个行业的熟悉是渐进的,又是不断深入的。他说这个行业"水很深",学问很大,但又很有研究的价值。这个行业是红海,又是蓝海,竞争激烈,但又极具挑战,市场潜力还很大。中国人均消费烘焙产品的比例还很小,比不过日本、韩国,更比不上欧洲。当然,中国的饮食习惯与外国人不同,但在烘焙产品的消费上仍有很大的空间。

杨霖帮德懋恭,他自已也在不断思索,探索秦饼产业的发展。他说秦饼的振兴和发展只有一条路,那就是传承与创新相结合,产品与文化相结合,走文化引路、产品创新之路,特别是要在引导现代市场、迎合当代年轻人的消费上下功夫。这就要坚持走产品创新之路,坚持传统与现代相结合,中式与西式相结合,中点西做,西中有中,中里藏西。特别是要走市场化、平民化之路,产品要接地气,不能太"高大上",不能走酒和茶的路。一瓶酒、一盒茶能卖几百元、上千元,但点心、面包就只能是几元、十几元一块。高了就背离了行业的属性,违背了行业规律。因为酒是让人品的,茶是让人喝的,而点心和面包却是真真正正让人吃的。好吃才是硬道理。

杨霖对烘焙业的研究是全面的和深刻的。他的许多观点我是认同的。比如他对烘焙企业,特别是产品文化有独到的见解。产品要有文化,但文化要实,不能把文化做过了头。文化是为产品服务的,为了文化而文化的产品是没有出路的,也是做不大的。

杨霖还认为,中式糕点的地域性很强,就像中餐的四大菜系、八大菜系,与当地的水土、风俗、文化有很强的关联。川菜的麻辣上海人大多难以接受,而上海菜的甜糯四川人也同样不大接受。许多陕西人吃不惯稻香村的产品,但北京人就是爱吃。而把陕西的水晶饼给北京人吃,北京人也未必都喜欢。中国四大传统糕点,广式、苏式、京式、秦式各有各的味,各有各的特色,各有各的做法,各有各的文化,各有各的消费群体,很难超越。

杨霖在陕西烘焙界名气不是很大,甚至许多人都还不知道他。但他在烘焙产业市场和文化的研究上,在对秦饼复兴和振兴的路上已走了很久、很远。但对杨霖来说,这也许只是万里长征的第一步,他要走的路还很长、很远。

后 记

在中式糕点的复兴上，陕西的秦式糕点应该是做得最好的。许多烘焙企业不但保留了历史传统糕点，如水晶饼，老式鸡蛋糕，迎春糕，白皮点心，老式麻花，老式月饼，陕北的老月饼、土月饼，定边炉馍，延安果馅，陕南核桃饼、炕炕馍等一大批历史名点、老式糕点，还创新了软香酥、大唐秦饼、长安饼等一大批新秦式糕点。不但在陕西销售，而且把厂建到省外，提出了让全国人都能吃上秦式糕点的口号。在这一点上，陕西省烘焙协会功不可没，特别是以张鉴和冯岩两位会长为代表的一批有识之士，一大批秦式糕点企业，为秦饼的传承和创新做了大量的工作。在秦饼文化的研究上，陕西也同样走在全国前列。同时，我认为在秦饼文化的宣传和推广上，陕西也是做得比较好的。我们认为陕西烘焙界的同人应抓住当前的天时、地利、人和的大好机遇，百尺竿头，更上层楼，把秦饼产业的发展，秦饼文化的研究，更向前大大推进一步。这也是我们继《陕人陕菜》之后又推出《秦人秦饼》的真正目的。

本书《东、西大街上的食品店》一文是以著名作家、老西安文化研究专家朱文杰先生的两篇文章改编而成的，在此深表感谢。

西北大学教授、博士生导师、著名秦商文化研究专家李刚老师，陕西省节庆文化促进会会长阎建滨老师，著名非遗文化研究专家王智老师以及西北大学出版社的编辑老师等对本书的编写和出版给予了大力支持和关心，在此一并感谢。

宿育海 程 鹏

2019 年 5 月